职业教育计算机网络技术专业
校企互动应用型系列教材

网页设计与制作
（HTML+DIV+CSS）

龙凯明　主　编
周菁秀　副主编

电子工业出版社
Publishing House of Electronics Industry
北京·BEIJING

内容简介

本书以《Web 前端开发职业技能等级标准》（初级）为编写依据，作者是具有丰富教学经验的一线教师，2019 年以来多次辅导学生参加 Web 前端开发职业技能等级证书（初级）考核，并取得优异的成绩。作者总结了多年 Web 前端开发相关课程的教学经验，并整合了大量教学资源对本书进行编写。

全书共 10 个单元 40 个学习任务，内容包括网页基础、HTML 基础、CSS 基础、网页文字、网页图像、网页列表、网页导航栏、表格、表单和网页布局。本书中的案例包括了详细的制作步骤，学生易学、易掌握。通过认真学习，学生可以显著提高自己的学习效率，使学习效果事半功倍。此外，每个单元后都附有针对性的实践任务，以巩固学生每单元所学知识，强化学生技能。通过本课程的学习，学生不但能掌握网页设计与制作的技能，而且可以提高分析问题、解决问题的能力，真正做到学以致用。

本书结构清晰，案例丰富，既可以作为 Web 前端开发的基础课程教材，内容包括 Web 前端核心课程——"Web 页面制作基础"的知识点，为后续课程"HTML5 开发基础与应用""JavaScript 程序设计""轻量级前端框架"奠定基础，又可以作为 HTML 和 CSS 的初学者自学用书。

未经许可，不得以任何方式复制或抄袭本书之部分或全部内容。
版权所有，侵权必究。

图书在版编目（CIP）数据

网页设计与制作：HTML+DIV+CSS / 龙凯明主编．—北京：电子工业出版社，2023.6
ISBN 978-7-121-45737-1

Ⅰ．①网… Ⅱ．①龙… Ⅲ．①网页制作工具－职业教育－教材 Ⅳ．① TP393.092.2

中国国家版本馆 CIP 数据核字（2023）第 103978 号

责任编辑：罗美娜　　　　特约编辑：田学清
印　　刷：天津千鹤文化传播有限公司
装　　订：天津千鹤文化传播有限公司
出版发行：电子工业出版社
　　　　　北京市海淀区万寿路 173 信箱　　邮编：100036
开　　本：787×1092　1/16　印张：16　字数：261 千字
版　　次：2023 年 6 月第 1 版
印　　次：2025 年 1 月第 3 次印刷
定　　价：56.00 元

凡所购买电子工业出版社图书有缺损问题，请向购买书店调换。若书店售缺，请与本社发行部联系，联系及邮购电话：（010）88254888，88258888。
质量投诉请发邮件至 zlts@phei.com.cn，盗版侵权举报请发邮件至 dbqq@phei.com.cn。
本书咨询联系方式：（010）88254617，luomn@phei.com.cn。

前 言

1. 本书特点

本书以《Web 前端开发职业技能等级标准》（初级）为编写依据，内容包括 Web 前端核心课程——"Web 页面制作基础"的知识点，以"案例＋知识链接"的编写方式，让学生能够轻松理解并快速掌握 Web 页面制作的基础知识。

本书分为 10 个单元，每个单元均由单元学习目标和多个学习任务组成，除第一单元的学习任务一外，其他每个学习任务均采用统一的编排方式，包含任务描述、任务实施、知识链接三大部分，在每个单元课后均配备实践任务进行综合训练、知识巩固。第十单元为综合案例，可以作为学生综合实训的任务或参考案例。

- 单元学习目标：了解该单元的知识点。
- 任务描述：描述任务的效果和要求，了解任务要达到的目的。
- 任务实施：实施任务的详细步骤。
- 知识链接：对完成的任务中要运用的知识点进行解释和归纳总结。
- 单元小结：对单元的重点知识点加以回顾。
- 实践任务：针对该任务的知识点，给出一些实训任务，使学生能够复习巩固、举一反三、深入拓展。

本书所选的案例具有一定的代表性，内容由浅及深，由易到难，循序渐进，实用和技巧相结合，体现了先"行"后"知"的教学思想。学生通过操作，在实践中理解、掌握知识点，不但能够快速入门，而且可以达到较高的操作水平。

本书内容包括 Dreamweaver CS6 和 HBuilder 两种软件的基本操作方法，各个单元的案例和实践任务既可以使用 Dreamweaver（各种版本）的代码编辑器进行代码编写，又可以使用 HBuilder（各种版本）进行代码编写。

2. 课时分配

本书参考总课时数为 72，具体分配见本书配套的电子教案。

单元	标题	课时数
第一单元	网页基础	4
第二单元	HTML 基础	8
第三单元	CSS 基础	8
第四单元	网页文字	6
第五单元	网页图像	8
第六单元	网页列表	8
第七单元	网页导航栏	8
第八单元	表格	6
第九单元	表单	6
第十单元	网页布局	10
总课时数		72

3. 本书作者

本书第一、五、九单元由周菁秀编写，第四、七、十单元由龙凯明编写，第三、六单元由黄艳冰编写，第二单元由梁帆编写，第八单元由谢彬彬编写。全书由龙凯明统稿。本书在编写过程中得到了广州市信息技术职业学校及电子工业出版社的大力支持和帮助，在此表示衷心感谢。

由于作者水平有限，书中难免存在疏漏和不足之处，恳请广大师生和读者批评指正。

4. 教学资源

为了提高学生的学习效率和教师的教学效果，方便教师教学，作者为本书配备了电子教案、素材文件、案例效果等配套的教学资源。

作者

2022 年 10 月

目 录

第一单元 网页基础 1
学习任务一 网页基础知识 1
学习任务二 网页制作体验 4
学习任务三 HBuilder 的使用 16
单元小结 22
实践任务 23

第二单元 HTML 基础 24
学习任务一 HTML 文件结构 24
学习任务二 HTML 常用标签和属性 28
学习任务三 图像和链接标签 32
单元小结 36
实践任务 36

第三单元 CSS 基础 39
学习任务一 行内样式与内嵌样式 40
学习任务二 标签选择器 44
学习任务三 类选择器 47
学习任务四 id 选择器 51
单元小结 56
实践任务 56

第四单元 网页文字 60
学习任务一 网页文字样式 60

学习任务二	<div> 标签属性	68
学习任务三	外部链接样式	77
单元小结		82
实践任务		83

第五单元　网页图像　86

学习任务一	<img> 标签	86
学习任务二	图像样式	89
学习任务三	图像样式效果	92
学习任务四	图文混排	100
学习任务五	图像背景	105
学习任务六	图像背景属性	111
单元小结		118
实践任务		118

第六单元　网页列表　120

学习任务一	列表标签	120
学习任务二	列表嵌套	127
学习任务三	无序列表样式	130
学习任务四	有序列表样式	134
学习任务五	图像列表项标签	137
单元小结		141
实践任务		141

第七单元　网页导航栏　144

学习任务一	链接文本样式	144
学习任务二	一个网页的多种链接样式	150
学习任务三	纵向导航栏	155
学习任务四	横向导航栏	158
学习任务五	常见网页导航栏的制作	162

单元小结......166
实践任务......166

第八单元　表格......170

学习任务一　表格网页......170
学习任务二　单元格的合并......178
学习任务三　表格样式......182
单元小结......186
实践任务......187

第九单元　表单......189

学习任务一　表单标签......189
学习任务二　表单样式......196
学习任务三　表单新属性的应用......202
单元小结......211
实践任务......212

第十单元　网页布局......213

学习任务一　标准流布局网页......213
学习任务二　列表布局网页......221
学习任务三　相对定位布局网页......227
学习任务四　左右结构布局网页......231
学习任务五　左中右结构布局网页......236
单元小结......244
实践任务......244

第一单元 网页基础

单元学习目标

- 掌握网页与网站的基本概念。
- 了解常用的网页设计软件。
- 掌握一种网页设计软件，会创建简单的网页。

单元学习内容

在学习网页制作之前，首先要了解关于网页的相关知识和常用的网页设计软件。本单元讲解网页基础知识，以及使用网页制作软件 HBuilder 体验网页制作。

学习任务一 网页基础知识

1. 基本概念

1）HTML、Web、网页、首页与网站

HTML（Hyper Text Markup Language），即超文本标签语言。

Web 的全称为 World Wide Web（WWW），即全球广域网，又被称为万维网。万维网上的一个超媒体文档被称为网页。网页的本质就是 HTML，通过结合使用其他的 Web 技术（如脚本语言、公共网关接口、组件等）可以创造出功能强大的网页。

网页是网站基本的组成部分，多个相关的网页结合在一起就形成了一个网站。大多数网站包括一个首页和若干个子网页。开始的网页被称为主页或首页，是一个网站的门面，通过浏览首页就能知道该网站所要传递的主要信息，首页可以链接至其他子网页，用户根据首页的导航可以进入其他网页，了解更多内容。首页的常用默认名一般有 index.html 和 default.html。

2）静态网页和动态网页

早期的网站一般是由静态网页制作的。静态网页更新起来比较麻烦，适用于不用经常变化的网站。静态网页一般以 .htm 或 .html 为后缀，此外还有以 .shtml、.xml 等为后缀的。静态网页也可以有各种视觉上的动态效果，如 GIF 格式的动画、FLASH、滚动字幕等。

动态网页内含有程序代码，可以运行于服务器上，网页内容能够及时更新，随不同用户、不同请求、不同时间可以生成不同内容的网页，与用户进行交互。动态网页以数据库技术为基础，可以实现更强大的功能，如用户注册、用户登录、搜索查询、在线调查等。动态网页以 .aspx、.asp、.jsp、.php、.perl、.cgi 等为后缀，常用的语言有 HTML+ASP、HTML+PHP、HTML+JSP 等。

静态网页与动态网页的主要区别在于程序是否在服务器上运行。

3）Web 标准

Web 标准又被称为网页标准，是由一系列规范组成的标准集合，这些标准大部分由 W3C 与其他标准化组织共同制定。广义的 Web 标准，指网页设计要符合 W3C 和 ECMA 规范。

W3C 是 World Wide Web Consortium 的缩写，中文译为"万维网联盟"，是一个 Web 标准化组织。

遵守指定的标准，有利于 Web 更好地发展。开发人员按照 Web 标准制作网页可以使网站更易于维护，更容易被搜索引擎搜索与访问，提高网页浏览速度。

2．网页元素

1）构成网页的元素

构成网页的基本元素主要包括文本、图像、动画图像、超链接、视频、表格和表单等，如图 1-1-1 所示。

2）网页布局

网页的内容与结构虽然各式各样，但是通常包含网页标题、Logo、导航栏、

banner 栏、主要内容和版权信息等，如图 1-1-2 所示。

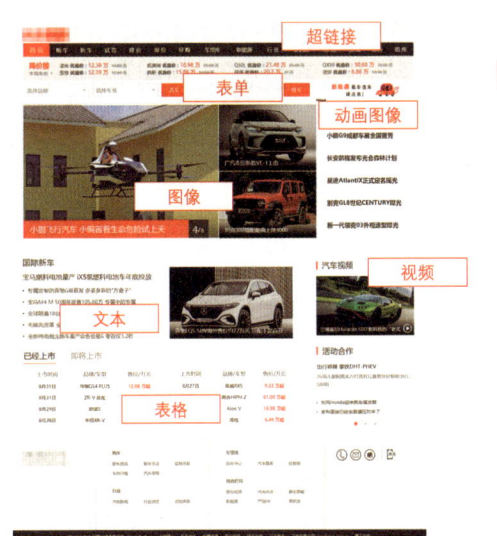

图 1-1-1　构成网页的元素　　　　　图 1-1-2　网页布局

在网页布局中，一般包括四部分，分别为头部（Logo、快捷导航等）、导航栏（菜单栏）、内容部分、底部（版权信息）。

早期网页使用表格布局方式，即运用表格对图像和文本进行定位，虽然操作简单，较易上手，但是若布局变更，则需要重新开发。因此，早期网页使用的布局方式不够灵活，难维护。一般使用表格嵌套的方法来达到布局效果，运用过多表格会使网页的下载速度受到影响。

随着网页技术的发展，表格布局方式基本被淘汰，现在主流的布局方式是 DIV+CSS 布局。DIV+CSS 布局灵活，实现了内容与样式的分离，网页风格可以通过对独立的 CSS 文件进行修改和更新，易于维护，更符合 HTML 标准规范。

3. 网页设计软件

静态网页的设计主要使用 HTML、DIV+CSS、JS 等来完成，因技术的不断发展，制作 Web 页面的软件越来越丰富，从基本的 HTML 编辑器到现在各种专业的网页设计软件。目前，比较常用的网页设计软件有 Dreamweaver、EditPlus、HBuilderX、Webstorm 等，不同软件编辑网页的 HTML5 代码都是相同的。

早期网页的编辑使用 HTML 实现，可以直接用记事本编写。后来较广泛使用的网页编辑软件之一是 Dreamweaver。Dreamweaver 是 Macromedia 公司推出的网页编辑软件，是一个用于可视化设计与管理网页和网站的软件。

　　Dreamweaver、Fireworks 和 Flash 曾被称为"网页制作三剑客"。Fireworks 是 Macromedia 公司专门设计的 Web 图形软件，可以用较少的步骤生成较小但质量很高的 JPEG 和 GIF 格式的图像，这些图像可以直接用在网页上。此外，比较常见的图像处理软件还有 Photoshop，Photoshop 能够实现各种专业化的图像处理，是 Adobe 公司的图形/图像处理软件。Flash 是 Macromedia 公司专门为网页设计的一个交互性矢量动画设计软件。Flash 在软件、游戏、多媒体、娱乐等多方面广泛应用。

　　HBuilder 是 DCloud 推出的 HTML5 的 Web 开发工具。HBuilder 通过完整的语法提示和代码输入法、代码块等，提升了开发效率，快是 HBuilder 的最大优势。

　　以在浏览器的网页中浏览的效果为最终网页效果，在设计与制作网页时，使用浏览器打开网页浏览效果。不同的浏览器有时会有不同的解析，这可能会导致同一个网页文件在不同的浏览器中显示出来的效果不同，这是网站的兼容性问题。

学习任务二　网页制作体验

任务描述

　　制作"幸福家园"网页，了解使用 Dreamweaver CS6 制作网页的过程，体验使用表格布局方式制作网页的方法。网页浏览效果如图 1-2-1 所示。

　　具体要求如下。

- 创建站点文件夹 myweb，在文件夹 myweb 中建立一个文件夹 img，用来存放图像文件。
- 使用表格布局、表格嵌套方式，最外层表格为 3 行 1 列，宽度为 900px，第 2 行单元格中的嵌套表格为 1 行 2 列。
- 头部为 banner 图像。

- 内容部分左侧为导航栏，右侧为主要内容，标题文字"幸福家园"的格式为"标题 2"。
- 在底部添加版权信息。

图 1-2-1　网页浏览效果

任务实施

1. 规划站点

（1）在本地磁盘中创建一个文件夹 myweb，作为站点的根文件夹，用来存放关于网站的网页、图像、动画等文件。

（2）在文件夹 myweb 中建立一个文件夹 img，用来存放图像文件。站点目录结构如图 1-2-2 所示。

（3）将素材文件 logo.png、pic01.jpg 复制到文件夹 img 中。

图 1-2-2　站点目录结构

2. 创建站点

（1）启动 Dreamweaver CS6，在 Dreamweaver CS6 欢迎界面中，单击"新建"选项组中的"Dreamweaver 站点"按钮，如图 1-2-3 所示。

（2）在打开的"站点设置对象 myweb"对话框中的"站点名称"文本框中输入"myweb"，在"本地站点文件夹"文本框中输入完整的路径名称，也可以通过单击右侧的文件夹图标 📁 选择刚建立好的站点文件夹 myweb，设置本地站点文件夹，单击"保存"按钮完成站点的设置，如图 1-2-4 所示。

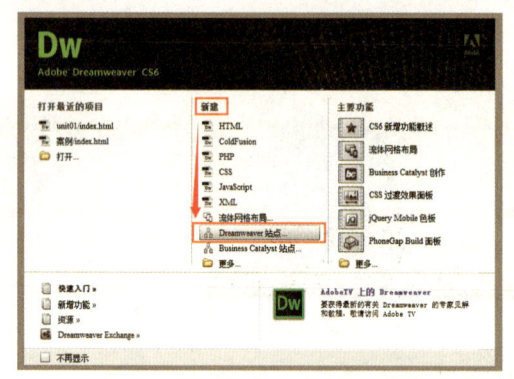

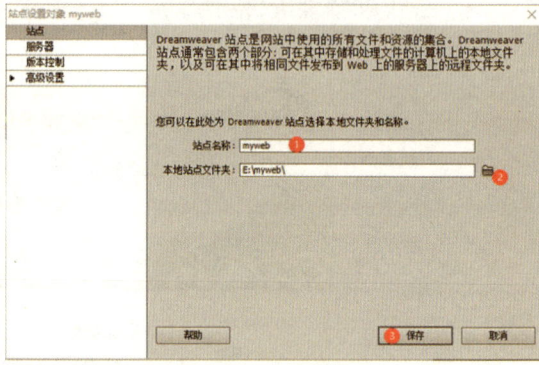

图 1-2-3　Dreamweaver CS6 欢迎界面

图 1-2-4　设置站点

3. 创建网页

（1）在 Dreamweaver CS6 欢迎界面中的"新建"选项组中，单击"HTML"按钮，如图 1-2-5 所示。

（2）在 Dreamweaver CS6 文档编辑界面中，创建一个新的空白网页文档，文档标签上显示新建文件的默认名为"Untitled-1"，如图 1-2-6 所示。

图 1-2-5　"新建"选项组

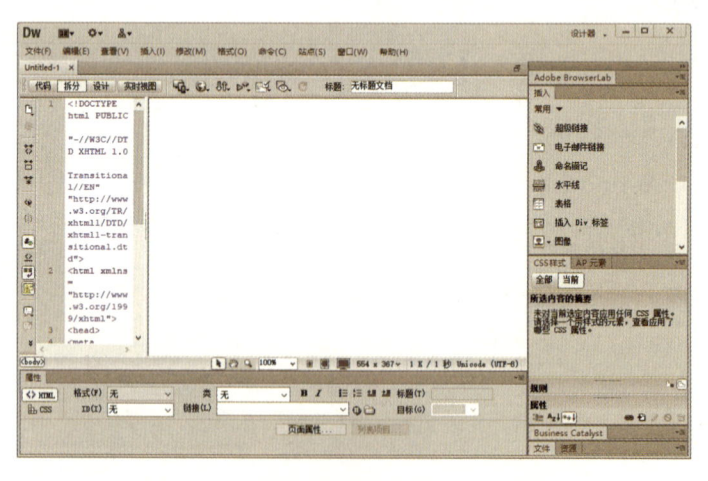

图 1-2-6　Dreamweaver CS6 文档编辑界面

（3）也可以选择"文件"→"新建"命令（见图 1-2-7），在弹出的"新建文档"对话框中，选择"空白页"→"HTML"→"＜无＞"选项，并单击"创建"按钮，新建网页文件，如图 1-2-8 所示。

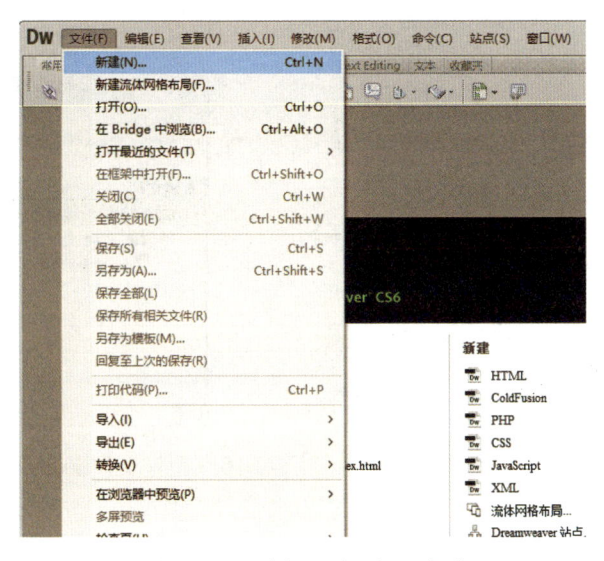

图 1-2-7　选择"新建"命令

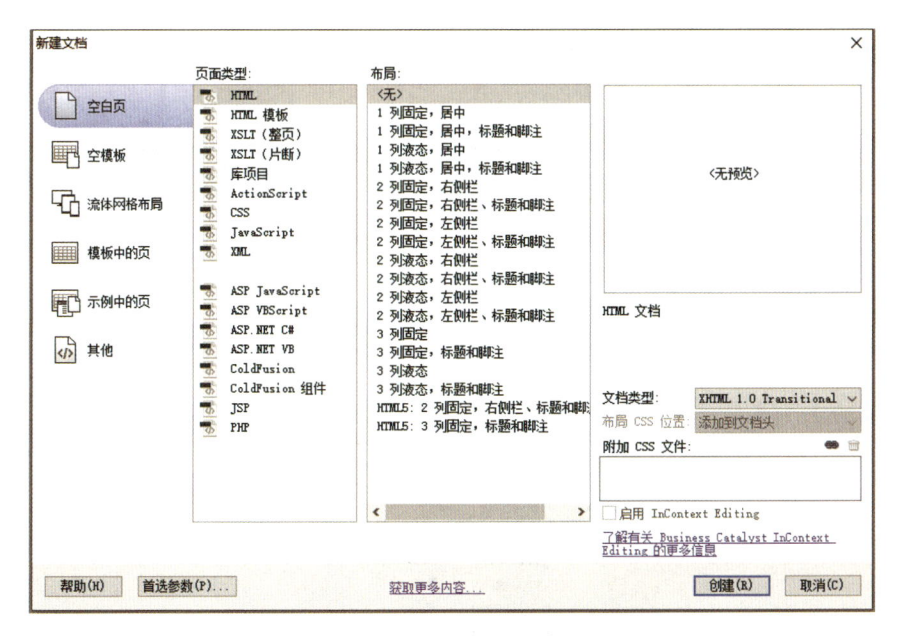

图 1-2-8　"新建文档"对话框

（4）选择"文件"→"保存"命令，在打开的"另存为"对话框的"文件名"文本框中输入"index"，如图 1-2-9 所示。

单击"保存"按钮，文件将保存在站点根目录下，在"文件"面板中可以看见保存的文件 index.html，如图 1-2-10 所示。

图 1-2-9 "另存为"对话框　　图 1-2-10 新建文件 index.html 后的"文件"面板

4. 网页制作

（1）设置标题。

在文档工具栏的"标题"文本框中输入"幸福家园"，如图 1-2-11 所示。

图 1-2-11 修改网页标题

（2）插入表格。

① 在文档窗口中单击，在当前位置插入一个 3 行 1 列且宽度为 900px 的表格（外表格），设置"单元格间距"为"10"，如图 1-2-12 所示。

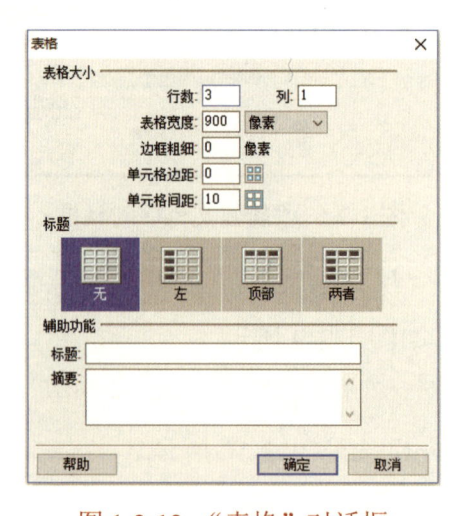

图 1-2-12 "表格"对话框

单击"确定"按钮，表格效果如图 1-2-13 所示。

图 1-2-13　表格效果

② 插入表格后，在"属性"面板中，将该表格的"对齐"设置为"居中对齐"，如图 1-2-14 所示。

图 1-2-11　"属性"面板

（3）插入图像。

① 在表格的第 1 行单元格中单击，将在当前单击的位置进行图像插入。在"插入"面板的"常用"选项组中，单击"图像"下拉按钮，选择"图像"选项，如图 1-2-15 所示。

② 在弹出的"选择图像源文件"对话框中，双击图像文件夹"img"，选择图像文件。单击"确定"按钮，在弹出的"图像标签辅助功能属性"对话框中，设置"替换文本"为"banner 图像"，单击"确定"按钮，在文档窗口中插入 banner 图像，效果如图 1-2-16 所示。

图 1-2-15　"插入"面板

图 1-2-16　插入 banner 图像的效果

(4) 插入文字。

① 在表格（外表格）的第 2 行单元格中插入一个 1 行 2 列的表格（内表格）。在"表格"对话框中，设置"表格宽度"为100%，"单元格边距"为"10"，如图 1-2-17 所示。

设置刚插入的表格（内表格）的第 1 列单元格（左侧单元格）的"宽"为"242"，"背景颜色"为"#F9F8E3"，"水平"为"居中对齐"，"垂直"为"顶端"，如图 1-2-18 所示。

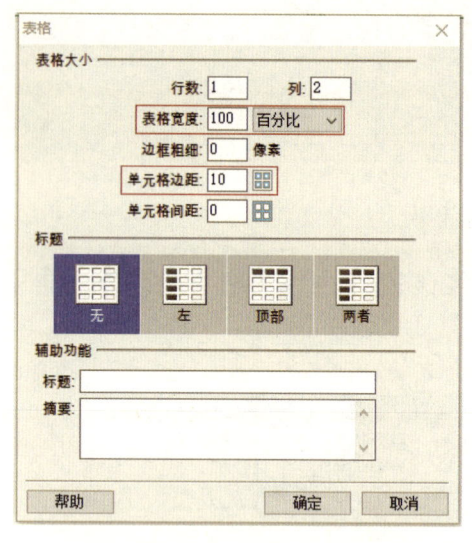

图 1-2-17 "表格"对话框

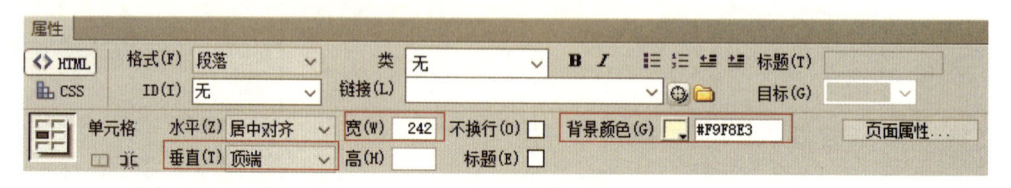

图 1-2-18 属性设置 1

② 在单元格中输入文字"山水文楼"，按 Enter 键，新建段落，继续输入文字"幸福墅湾"，如此反复输入文字，并进行换行。完成效果如图 1-2-19 所示。

图 1-2-19 完成效果 1

第一单元　网页基础　11

（5）设置标题文字。

① 设置刚插入的表格（内表格）的第 2 列单元格（右侧单元格）的"垂直"为"顶端"，如图 1-2-20 所示。

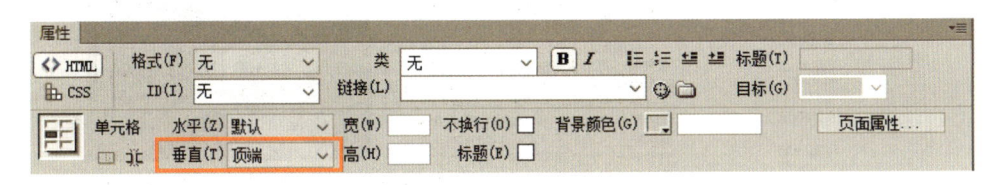

图 1-2-20　属性设置 2

② 在单元格中输入文字"幸福家园"，并选择文字"幸福家园"，设置其"格式"为"标题 2"，如图 1-2-21 所示。

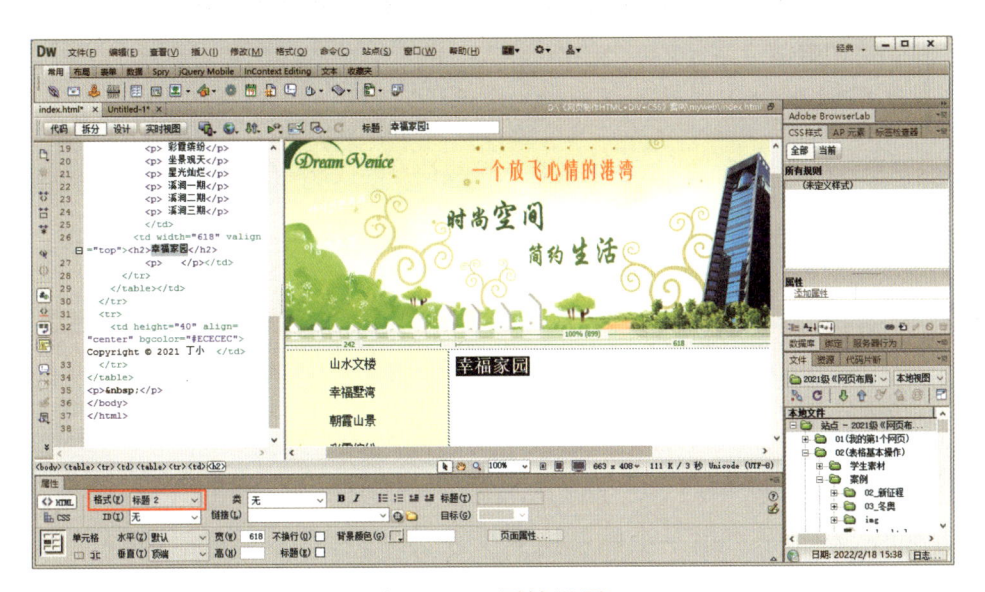

图 1-2-21　属性设置 3

（6）插入正文文字与图像。

在标题文字后按 Enter 键换行，插入图像 pic01-2.png，并修改图像的尺寸，将图像的宽度改为 300px，高度改为 200px。复制素材文档的文字，将其粘贴到图像的右侧。右击刚插入的图像，在弹出的快捷菜单中选择"对齐"→"右对齐"命令，将刚插入的图像放在两段文字的右侧，效果如图 1-2-22 所示。

（7）插入版权信息。

在表格（外表格）的第 3 行单元格中单击，设置"背景颜色"为"#ECECEC"，"水平"为"居中对齐"，"高"为"40"，并在当前单击的位置插入版权信息。

插入版权信息的效果如图 1-2-23 所示。

图 1-2-22　插入图像的效果

图 1-2-23　插入版权信息的效果

在操作过程中，每完成一步都可以按快捷键 Ctrl+S 对文件进行保存。

知识链接

1. 站点

1）Dreamweaver 站点

Dreamweaver 站点指某个网站所有文档的本地或远程存储位置。放在本地磁盘上的站点被称为本地站点，是存放制作网站的所有文件和资源的文件夹。远程站点是位于互联网 Web 服务器上的网站。当本地站点的网页制作完成并通过测试后，就可以将本地站点文件夹中的所有文件上传至远程服务器，以供他人浏览。

Dreamweaver 提供了组织和管理网站中所有相关联的文件的方法，通过 Dreamweaver 站点不仅可以对网站中的所有网页文件及各类素材进行统一组织、管理、跟踪和维护，而且可以将文件上传到 Web 服务器上、测试网站，以及管理和共享文件。

2）站点的规划

在定义站点前，要先进行站点的规划，即设置存放在站点中所有文档的目录。在一般情况下，应先为站点创建一个根文件夹，然后在根文件夹下创建多个子文件夹，将文件分类存储在相应的子文件夹中。

注意，站点下的文件夹名和文件名必须由英文字母开头，后跟英文或数字、下画线，不能使用中文名，不能在文件名和文件夹名中使用空格或特殊字符。

2. Dreamweaver CS6 文档编辑界面

Dreamweaver CS6 文档编辑界面主要包括菜单栏、文档工具栏、文档窗口、"属性"面板和面板组，如图 1-2-24 所示。

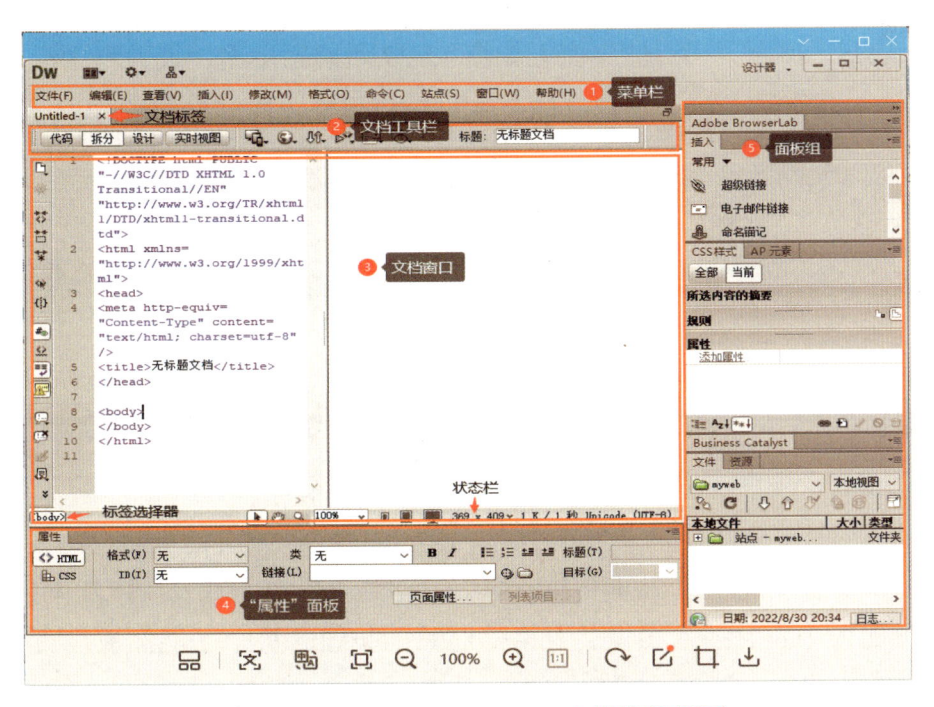

图 1-2-24　Dreamweaver CS6 文档编辑界面

（1）菜单栏中包含 Dreamweaver CS6 的全部操作命令，使用这些命令可以编辑网页、管理站点、设置操作界面等。

（2）文档工具栏中包含视图的切换按钮，以及查看文档、在本地和远程站点之间传输文档的常用相关命令和选项。使用文档工具栏中左侧的按钮，可以将文档切换到不同的视图模式，即代码视图、拆分视图、设计视图、实时视图。

（3）文档窗口是在 Dreamweaver CS6 中创建、编辑文档内容的区域，文档窗口中有多种视图形式，默认显示拆分视图的视图模式，同时显示代码视图和设计视图的视图模式。

文档窗口的左下角是标签选择器，使用标签选择器可以编辑或添加属性及属性值。单击标签选择器中的标签，可以快速选取标签对应的元素。在选取标签后，右击，在弹出的如图 1-2-25 所示的快捷菜单中，选择"快速标签编辑器"命令，对标签进行编辑，可以进行标签的删除、设置等操作。

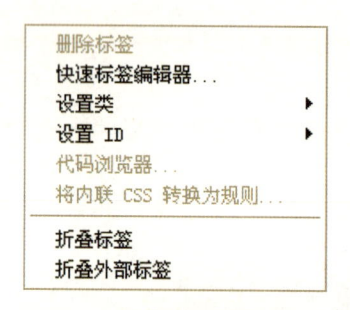

（4）"属性"面板用来设置正在被编辑的内容的属性，会随着编辑内容的变化而变化。展开后的"属性"面板如图 1-2-26 所示。单击"属性"面板右下角的折叠箭头，可以折叠"属性"面板，折叠后的"属性"面板如图 12-27 所示。单击"属性"面板右下角的展开箭头，可以展开"属性"面板。

图 1-2-25　弹出的快捷菜单

图 1-2-26　展开后的"属性"面板

图 1-2-27　折叠后的"属性"面板

（5）面板组包含多个功能面板，"文件"面板可以对文件与文件夹进行管理；"插入"面板中包含插入图像、表格等对象的按钮。每个功能面板均可以进行折叠、展开、显示、隐藏、移动、调整大小等操作，并与其他面板进行任意组合。

3. Dreamweaver CS6 的基本操作

（1）在添加普通文本时，可以直接输入文字，即单击文档窗口中的空白区域进行文字输入，也可从其他文档中选择文字进行复制，并在文档窗口中进行粘贴。

在 Dreamweaver CS6 文档编辑界面中选择"文件"→"导入"命令（见图 1-2-28），也可以将 XML、Word 和 Excel 等文档中的内容直接导入网页。

（2）在输入文字后，按 Enter 键，创建段落，要求段落与段落之间隔一行，按快捷键 Shift+Enter 进行换行。

第一单元　网页基础　15

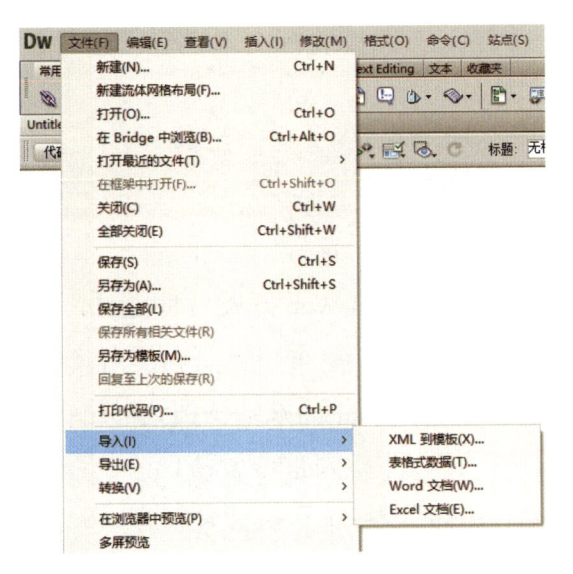

图 1-2-28　导入网页

（3）添加特殊字符。选择"插入"→"HTML"→"特殊字符"命令，在"特殊字符"的级联菜单中选择需要插入的特殊字符，如图 1-2-29 所示。

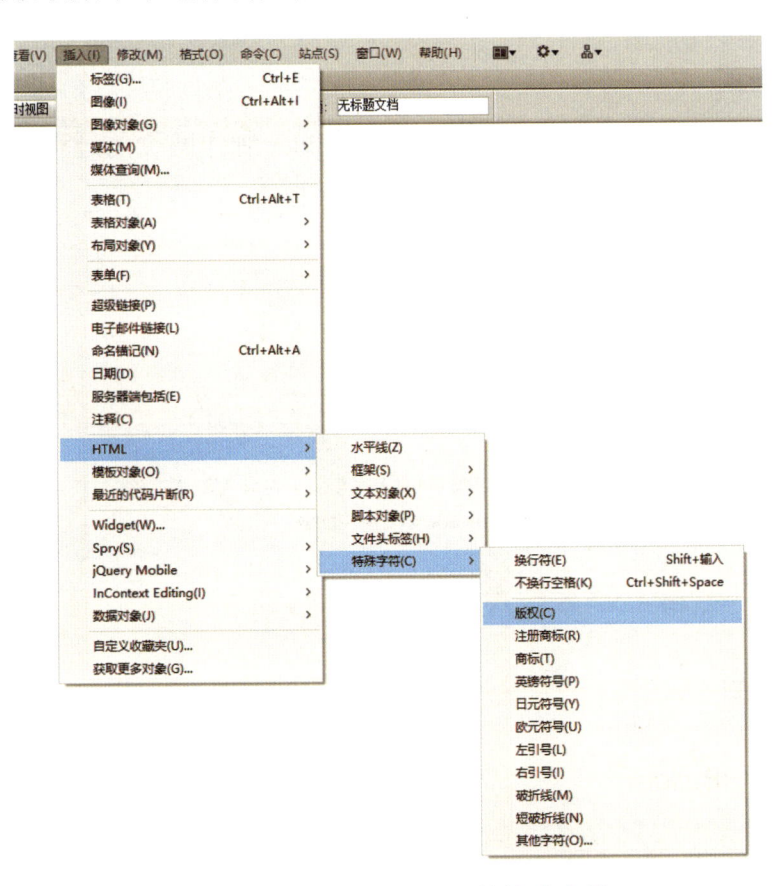

图 1-2-29　选择需要插入的特殊字符

当然，也可以在"插入"面板的"文本"选项组中，单击"字符"按钮，选择需要插入的特殊字符。

4. Dreamweaver 的优点

Dreamweaver 意为"梦想编织者"，是集网页制作和管理网站于一身的网页代码编辑器，是当下十分流行的 Web 开发软件之一。

Dreamweaver 提供了直观的可视布局界面和"所见即所得"的功能，可以直观地预览网页。使用 Dreamweaver 的网站管理功能可以快速地制作网站雏形，设计、更新和重组网页，以及改变网页位置或档案名称。Dreamweaver 会自动更新所有链接，可以十分方便、轻松地进行网页设计与开发，以及管理动态网站。

学习任务三 HBuilder 的使用

任务描述

制作"网页作业"网页，了解使用 HBuilder 制作网页的过程，体验使用代码编写网页的方法。网页浏览效果如图 1-3-1 所示。

具体要求如下。
- 网页标题为"网页作业"。
- 网页中显示一行文字。

图 1-3-1　网页浏览效果

任务实施

1. 启动 HBuilder

双击 HBuilder 软件图标，打开登录界面，单击"暂不登录"按钮，如图 1-3-2 所示。

图 1-3-2　登录界面

初次使用时，可以设置视觉方案或编译器风格。在设置完成后，进入 HBuilder 界面。HBuilder 界面主要包括菜单栏、工具栏、项目管理器、代码编辑区、其他视图窗口、状态栏，如图 1-3-3 所示。

图 1-3-3　HBuilder 界面

2．新建 Web 项目

（1）在 HBuilder 界面中，选择"文件"→"新建"→"Web 项目"命令，新建 Web 项目，如图 1-3-4 所示。

（2）在打开的"创建 Web 项目"窗口中的"项目信息"选项组中，设置"项目名称"为"unit01"，"位置"为"E:\"。在"选择模板"选项组中，勾选"默认项目"前面的复选框，如图 1-3-5 所示。

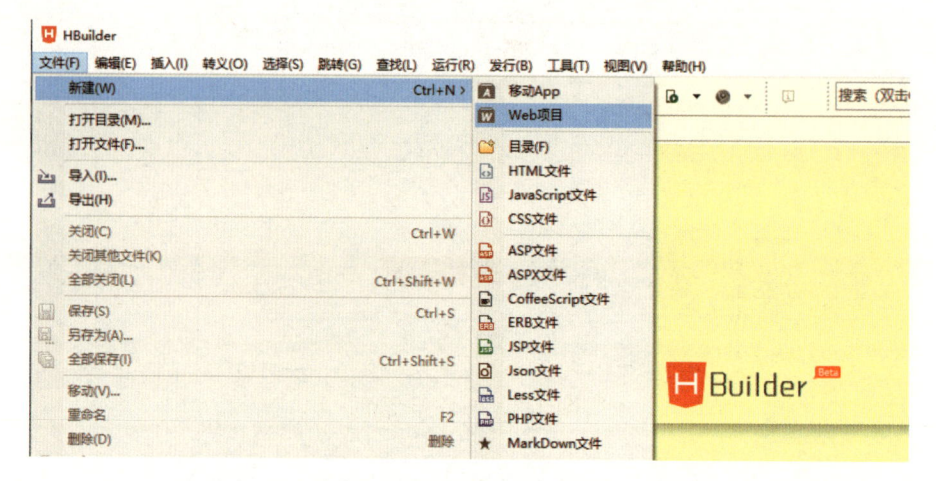

图 1-3-4 新建 Web 项目

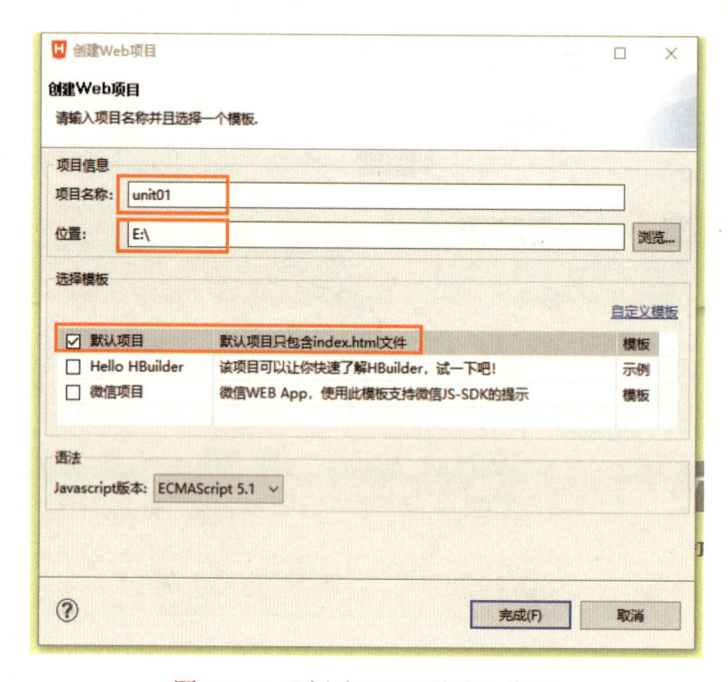

图 1-3-5 "创建 Web 项目"窗口

（3）在项目管理器中，打开创建的项目文件夹 unit01，可以看到里面包含了文件夹 css、img、js 和文件 index.html，如图 1-3-6 所示。

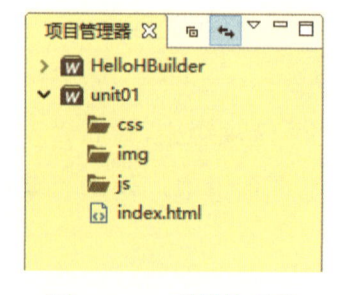

在通常情况下，可以将网页制作中需要使用的图像放在文件夹 img 下，CSS 样式表文件放在文件夹 css 下，JS 脚本文件放在文件夹 js 下。

图 1-3-6 项目管理器

3. 网页制作

双击文件"index.html",在代码编辑区就会出现文件 index.html 的基础代码,可以在代码编辑区编写代码进行网页制作,如图 1-3-7 所示。

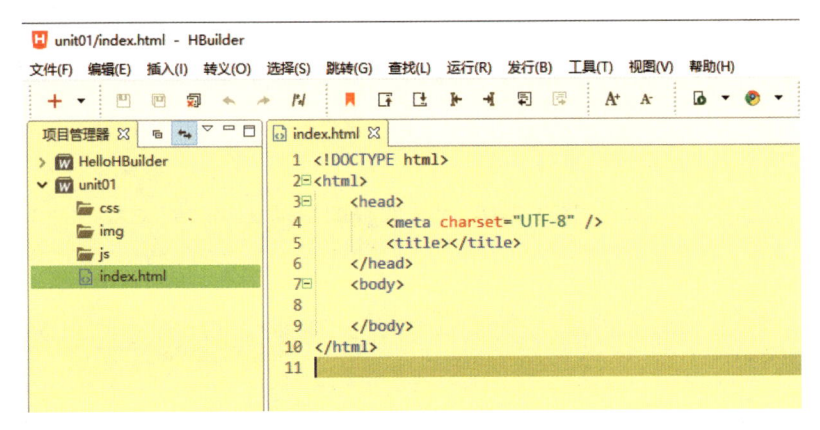

图 1-3-7　文件 index.html 的基础代码

(1) 设置网页标题。

在 <title> 与 </title> 之间,输入标题"网页作业",如图 1-3-8 所示。

(2) 编写网页内容代码。

网页中显示的文字、图像等内容的代码要写在 <body> 与 </body> 之间。在 <body> 与 </body> 之间输入文字,如图 1-3-9 所示。

图 1-3-8　输入标题　　　　图 1-3-9　输入文字

(3) 查看网页效果。

HBuilder 默认选择"开发视图"模式,如图 1-3-10 所示。

单击"开发视图"下拉按钮,选择"边改边看模式"选项,按快捷键 Ctrl+S 对文件进行保存,此时在代码编辑区右侧显示"Web 浏览器"视图窗口,可以查看网页效果,如图 1-3-11 所示。

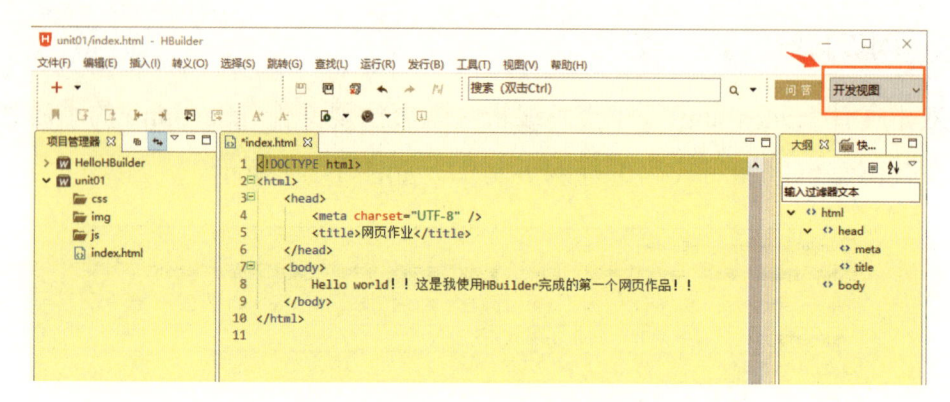

图 1-3-10 "开发视图"模式

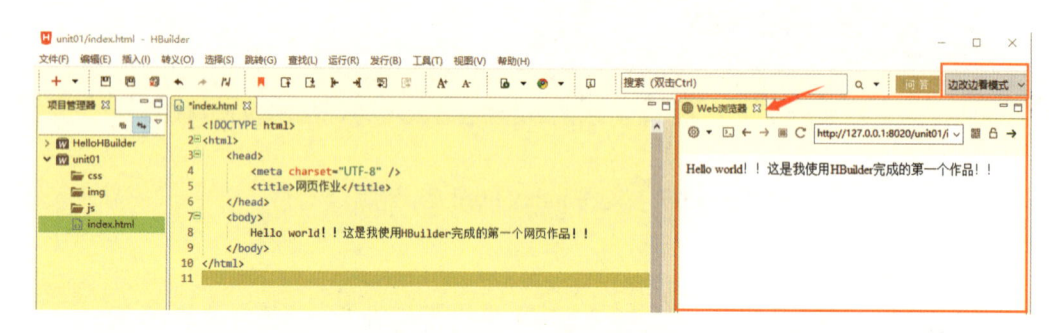

图 1-3-11 查看网页效果

每完成一段代码的编写，可以按快捷键 **Ctrl+S** 对文件进行保存，边改边看模式在每次保存时均会自动刷新，显示当前网页效果，此时可以看到修改后的网页效果。

知识链接

1. 安装 HBuilder

在 HBuilder 官网可以免费下载最新版的 HBuilder。在下载时，根据自己计算机的型号选择适合的版本。

下载 Hbuilder 后解压缩该文件，并进入解压缩目录，双击"HBuilder.exe"图标即可运行并启动 Hbuilder。当然，也可以为 HBuilder.exe 创建桌面快捷方式。

2. 新建 HTML 文件

在项目管理器中选择刚才新建的项目，并依次选择"文件"→"新建"→"HTML 文件"命令，新建 HTML 文件，如图 1-3-12 所示。

在弹出的"创建文件向导"窗口中，设置文件所在目录，输入文件名，并选择模板，如图 1-3-13 所示。

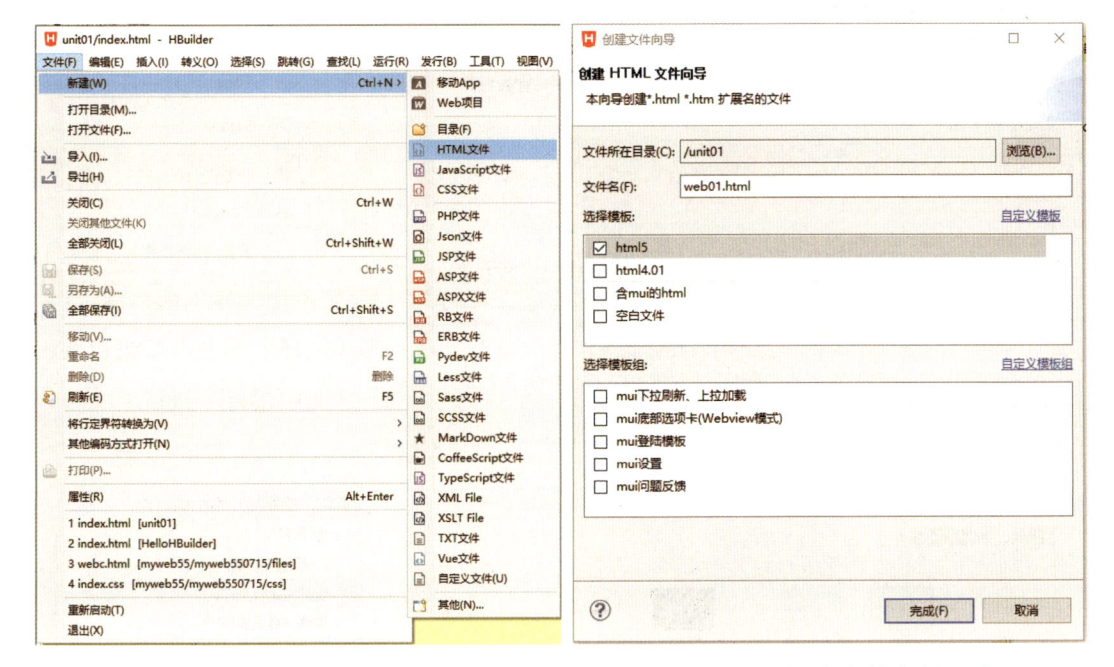

图 1-3-12　新建 HTML 文件　　　　图 1-3-13　"创建文件向导"窗口

3．导入文件

保存好的网页文件或项目，若没有被删除则会在项目管理器中保留，若其在项目管理器中已被删除则在下次使用时需再次导入。可以通过"文件"→"打开目录"命令，在"打开目录"窗口中单击"浏览"按钮，找到并选择文件所在位置，单击"完成"按钮即可导入文件，如图 1-3-14 所示。

4．查看网页效果

可以在 HBuilder 的边改边看模式中查看网页效果，也可以在工具栏中单击"在浏览器中运行"按钮，在打开的下拉列表中选择浏览器，打开相应的浏览器，查看网页效果，如图 1-3-15 所示。

5．设置 HBuilder 主题

HBuilder 中内置了几种主题，如图 1-3-16 所示。选择"工具"→"视觉主题设置"命令，可以选择喜欢的主题，如图 1-3-17 所示。

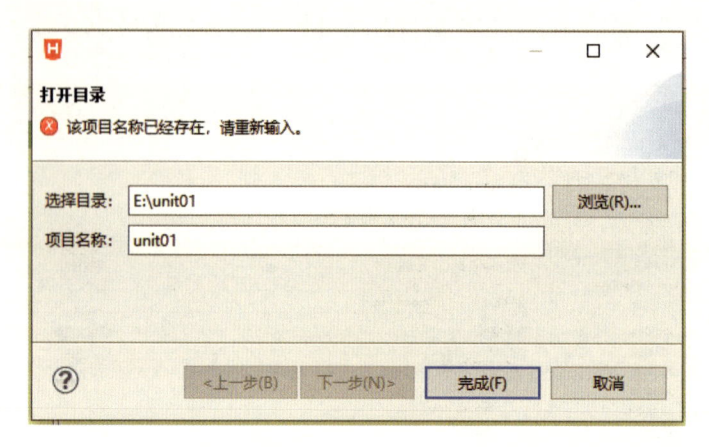

图 1-3-14 "打开目录"窗口

图 1-3-15 单击"在浏览器中运行"按钮

图 1-3-16 HBuilder 中内置的主题

图 1-3-17 选择"主题设置"命令

单元小结

本单元主要介绍了网页的基本概念，采用 Dreamweaver CS6 的视图模式使用表格布局方式制作简单网页的方法，以及使用 HBuilder 制作网页的方法。目前，比较流行的网页制作方法均采用 DIV+CSS 布局方法，在后面的单元中建议采用在 HBuilder 或 Dreamweaver 中编写代码的方法制作网页。

实 践 任 务

使用 Dreamweaver CS6，运用表格布局方式制作网页。网页浏览效果如图 1-4-1 所示（文件名：ex01-1.html）。

具体要求如下。

- 创建站点文件夹 ext01，在文件夹 ext01 下建立一个文件夹 img01，用来存放图像文件。
- 使用表格嵌套方式进行布局。最外层表格为 3 行 1 列，宽度为 950px，第 2 行单元格中的嵌套表格为 1 行 2 列，设置表格背景颜色。
- 在头部插入图像与文字，头部文字的格式为"标题 1"。
- 内容部分左侧为导航栏，设置正文文字并插入图像。
- 内容部分右侧为主要内容，标题文字的格式为"标题 2"，正文文字的格式为"标题 3"。
- 在底部添加版权信息。

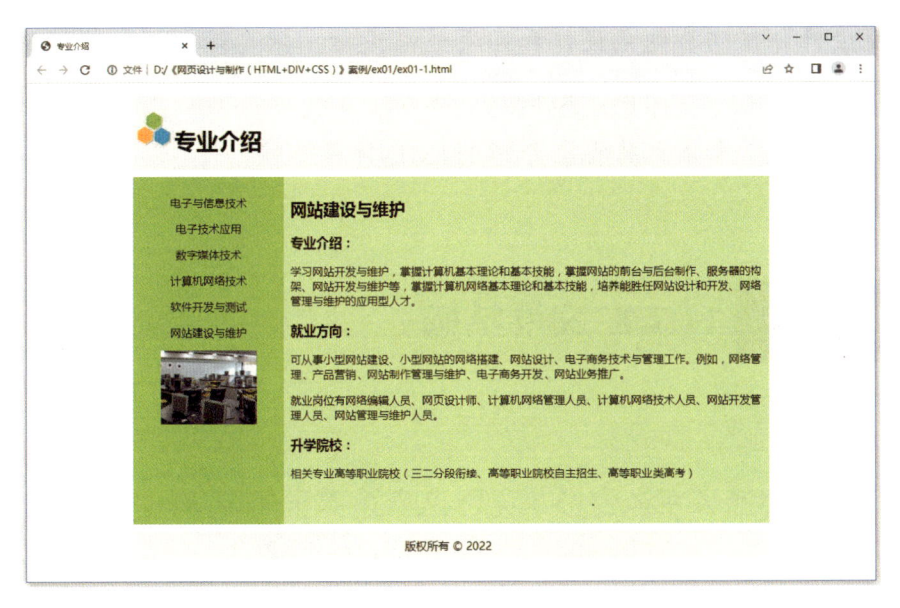

图 1-4-1　网页浏览效果

第二单元 HTML 基础

单元学习目标

- 掌握 HTML 文件结构。
- 掌握 HTML 常用标签。
- 初步掌握 HTML 常用属性。
- 了解图像标签。
- 初步掌握链接标签。

单元学习内容

网页设计包括网页结构设计和网页效果设计,网页结构设计指使用 HTML 标签表示网页中文本、图像、超链接、表格、表单等元素。网页效果设计则由 CSS 样式来实现。本单元将重点介绍 HTML 常用标签。

学习任务一 HTML 文件结构

任务描述

制作"我的网页作品"网页,网页浏览效果如图 2-1-1 所示(文件名:web02-1.html)。

具体要求如下。

- 网页标题为"我的网页作品"。
- 在网页中添加文字。
- 网页中的第 1 行文字"我的作品"的格式为"标题 1"。

- 在网页中添加水平线，在底部添加版权信息。

图 2-1-1 "我的网页作品"网页浏览效果

任务实施

1. 定义站点和新建网页文件

在本地硬盘中新建 unit02 文件夹，将该文件夹作为站点，在该文件夹中新建网页文件 web02-1.html。

2. 修改网页结构

（1）打开新建的网页文件 web02-1.html，网页结构代码如下：

```
<!DOCTYPE html>
<html>
    <head>
        <meta charset="UTF-8">
        <title></title>
    </head>
    <body>
    </body>
</html>
```

（2）修改网页标题和网页内容，代码如下：

```
<!DOCTYPE html>
<html>
    <head>
        <meta charset="UTF-8">
        <title> 我的网页作品 </title>
    </head>
    <body>
        <h1> 我的作品 </h1>
```

```
            <p>HTML 学习 </p>
            <p> 网页作品展 </p>
            <hr />
            <p> 版权所有 &copy; 2022</p>
    </body>
</html>
```

知识链接

1. 什么是 HTML

HTML 是网络上用于编写网页的主要语言，由多种标签组成，标签用来表示文档中的文本及图像等元素，并规定如何在浏览器中显示这些元素，以及响应用户的行为。标签不区分大小写，大部分标签是成对出现的。

2. HTML 文件的基本结构

在编写 HTML 文件时，必须遵循一定的语法规则。

在一个 HTML 文件中，必须包含 <html> 标签，并且此标签放在一个 HTML 文件中的开始和结束的位置。

以下代码中包含一个 HTML 文件的基本结构：

```
<!DOCTYPE html>
<html>
    <head>
        <meta charset="UTF-8">
        <title></title>
    </head>
    <body>
    </body>
</html>
```

从上面的代码中可以看出，一个 HTML 文件由以下几部分构成。

1）<!DOCTYPE > 声明

<!DOCTYPE> 声明必须位于 HTML 文件中的第 1 行，也就是在 <html> 标签之前。<!DOCTYPE> 声明用于告知浏览器软件打开的 HTML 文件使用的是哪种 HTML 规范。只有使用了 <!DOCTYPE> 声明，浏览器才能将文件作为有效的 HTML 文件，并按指定的文件类型进行解析。

2）<html> 标签

<html> 标签用于说明网页使用 HTML 语言编写，使用浏览器软件能够准确无误地解释和显示。

3）<head> 标签

<head> 标签是 HTML 的头部标签，头部信息不显示在网页中。它用于说明文件标题和整个文件的一些公用属性。

4）<title> 标签

<title> 标签包含的内容显示在浏览器的标题栏中，是网页的标题。

5）<body> 标签

<body> 标签包含 HTML 网页中的实际内容，如网页中的文字、图像、动画、超链接，以及其他与 HTML 相关的内容。

3. 初识 HTML

1）认识 HTML 标签

HTML 文件由标签组成，如 <html>、<head>、<body> 等。标签是 HTML 语言中的基本单位，每个标签都是由"<"开始，由">"结束的。HTML 标签通常是成对出现的。在一般情况下，成对出现的标签是由"首标签 < 标签名 >"和"尾标签 </ 标签名 >"组成的，其作用域只是在这对标签中的文档。除了成对标签，还有一些单独标签，如
、<hr> 等。由于单独标签不成对，因此在该类标签中不包含其他元素，而是直接在相应的位置使用。

2）HTML 常用标签

<html>、<head>、<body> 标签构成 HTML 文件的主体。除了这些标签，还有一些其他常用标签，如 <hi>、<p>、<hr> 等。

（1）<hi> 标签。

在本任务制作的"我的网页作品"网页中，第 1 行文字用 <h1> 标签标识，其文字外观与用 <p> 标签标识的文字相比，文字更大些，并且加粗。它属于 HTML 的文本标题。HTML 文件中包含各种级别的标题，各种级别的标题由 <h1> 到 <h6> 标签来定义。其中，<h1> 标签用于定义文字最大的标题……依次递减，<h6> 标签用于定义文字最小的标题。其基本语法如下：

```
<h1>...</h1>
<h2>...</h2>
<h3>...</h3>
<h4>...</h4>
<h5>...</h5>
<h6>...</h6>
```

（2）<p> 标签。

<p> 标签是段落标签，是 HTML 中的常用标签之一，用来区别网页中的段落。其基本语法如下：

```
<p>...</p>
```

每对 <p> 标签的内容放在一个段落中。

（3）<hr> 标签。

<hr> 标签是水平线标签，在网页中用来分隔文本和对象。它是单标签，即只有开始标签，没有结束标签，在开始标签中，标签名后面的斜杠"/"表示结束。其基本语法如下：

```
<hr />
```

学习任务二　HTML 常用标签和属性

任务描述

制作"HTML 学习"网页，网页浏览效果如图 2-2-1 所示（文件名：web02-2.html）。

具体要求如下。

- 网页标题为"HTML 学习"。
- 在网页中添加文字。
- 网页中的第 1 行文字的格式为"标题 1"，第 3 行文字的格式为"标题 2"。
- 在网页中添加水平线。
- 第 1 行文字居中，版权信息文字居中。
- 水平线的长度为 1000px，粗细为 1px。

第二单元 HTML 基础

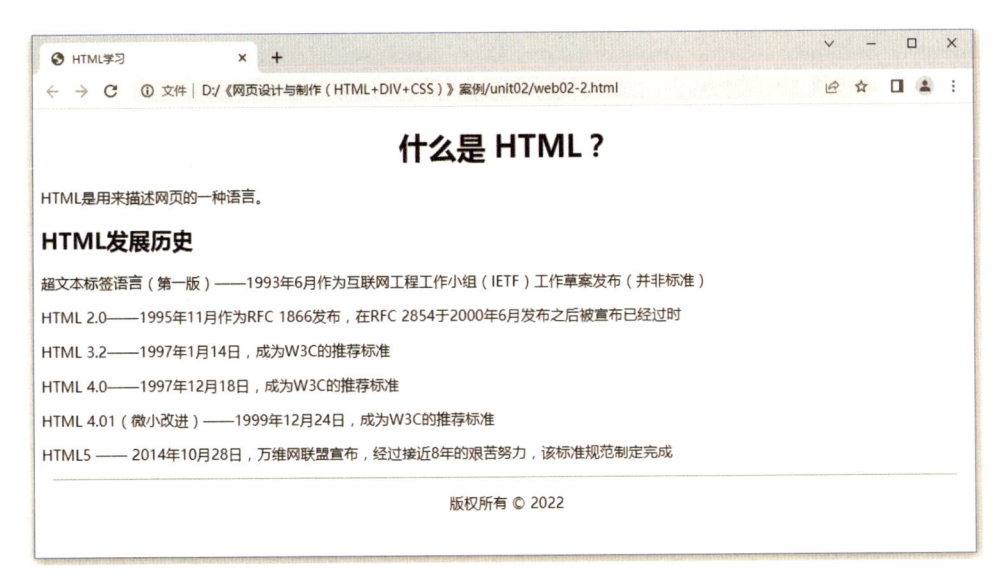

图 2-2-1 "HTML 学习"网页浏览效果

任务实施

1. 新建网页文件

在 unit02 文件夹中新建网页文件 web02-2.html。

2. 修改网页结构

（1）打开新建的网页文件 web02-2.html，网页结构代码如下：

```html
<!DOCTYPE html>
<html>
    <head>
        <meta charset="UTF-8">
        <title></title>
    </head>
    <body>
    </body>
</html>
```

（2）修改网页标题和网页内容，代码如下：

```html
<!DOCTYPE html>
<html>
    <head>
        <meta charset="UTF-8">
```

```
            <title>HTML 学习 </title>
        </head>
        <body>
            <h1 align="center"> 什么是 HTML？</h1>
            <p>HTML 是用来描述网页的一种语言。</p>
            <h2>HTML 发展历史 </h2>
            <p> 超文本标签语言（第一版）——1993 年 6 月作为互联网工程工作小组（IETF）工作草案发布（并非标准）</p>
            <p>HTML 2.0——1995 年 11 月作为 RFC 1866 发布，在 RFC 2854 于 2000 年 6 月发布之后被宣布已经过时 </p>
            <p>HTML 3.2——1997 年 1 月 14 日，成为 W3C 的推荐标准 </p>
            <p>HTML 4.0——1997 年 12 月 18 日，成为 W3C 的推荐标准 </p>
            <p>HTML 4.01（微小改进）——1999 年 12 月 24 日，成为 W3C 的推荐标准 </p>
            <p>HTML5——2014 年 10 月 28 日，万维网联盟宣布，经过接近 8 年的艰苦努力，该标准规范制定完成 </p>
            <hr width="1000" size="1" />
            <p align="center"> 版权所有 &copy; 2022</p>
        </body>
</html>
```

（3）保存文件。

知识链接

1. HTML 属性

属性是 HTML 元素提供的附加信息，用来描述标签的一些特征，大多数标签都具有属性。属性一般在开始标签中描述，总是以名称 / 值的形式出现，使用格式如下：

```
属性名称 = 属性值
```

2. 常用属性

1）文本对齐属性

文本对齐属性有 3 个可选值，分别为左对齐、居中对齐、右对齐，默认值为左对齐。使用该属性的格式如下：

```
align=left | center | right
```

例 1　定义 <h1> 标签中的文本居中对齐，代码如下：

```
<h1 align="center">HTML 学习 </h1>
```

例 2　定义 <p> 标签中的文本居中对齐，代码如下：

```
<p align="center">作者：2022</p>
```

2）水平线属性

水平线的 width 属性用来描述水平线的长度，size 属性用来描述水平线的粗细。例如，定义水平线的长度为 800px，粗细为 1px，代码如下：

```
<hr width="800" size="1" />
```

3. 常用特殊字符

HTML 中的预留字符必须被替换为字符实体（Character Entities）。例如，在 HTML 中不能使用小于号（<）和大于号（>），这是因为浏览器会误认为它们是标签。如果希望正确地显示预留字符，那么必须在 HTML 源代码中使用字符实体。若需显示小于号，则必须这样写：< 或 < 或 &#060。此外，一些在键盘上找不到的字符也可以使用字符实体来替换。常用特殊字符如表 2-2-1 所示。

表 2-2-1　常用特殊字符

显示结果	描述	实体名称	实体编号
	空格		
<	小于号	&lt;	&#60;
>	大于号	&gt;	&#62;
&	和号	&amp;	&#38;
"	双引号	&quot;	&#34;
'	单引号	' (IE 不支持)	&#39;
·	中间点	&bull;	&#8226;
¥	人民币 / 日元	&yen;	&#165;
©	版权	&copy;	&#169;
®	注册商标	&reg;	&#174;
×	乘号	&times;	&#215;
÷	除号	&divide;	&#247;

学习任务三　图像和链接标签

任务描述

制作"网页作品展"网页，网页浏览效果如图 2-3-1 所示（文件名：web02-3.html）。

具体要求如下。

- 网页标题为"网页作品展"。
- 在网页中添加文字，并且全部文字居中。
- 网页中的第 1 行文字的格式为"标题 1"，第 2 行文字的格式为"标题 3"。
- 在网页中添加水平线，水平线的长度为 800px，粗细为 1px。
- 在网页中添加图像，并且图像居中。
- 为本单元学习任务一中的网页文件 web02-1.html 创建链接，将其分别链接至网页文件 web02-2.html 和 web02-3.html。链接创建完成后的效果如图 2-3-2 所示。

图 2-3-1　网页浏览效果　　　　图 2-3-2　链接创建完成后的效果

任务实施

1. 新建网页文件

准备好站点文件，在 unit02 文件夹中创建 img 文件夹，将图像文件 pic02-3.jpg

复制至该文件夹中，在 unit02 文件夹中新建网页文件 web02-3.html。

2. 修改网页结构

（1）打开新建的网页文件 web02-3.html，修改网页标题和网页内容，代码如下：

```html
<!DOCTYPE html>
<html>
    <head>
        <meta charset="UTF-8">
        <title>网页作品展</title>
    </head>
    <body>
        <h1 align="center">网页作品展</h1>
        <h3 align="center">实习作品：美食网页</h3>
        <hr width="800" size="1" />
        <p align="center">
            这是实习时，根据老师提供的模板制作的美食网页<br />
            以棕色为主色调，搭配黄色，页面和谐、美观<br />
            虽然我模仿得不是很好，有些瑕疵<br />
            还有些内容不够时间做完……但我很努力做了<br />
            在实习中我学到了不少的技巧和方法，进步很大<br />
            希望以后能自己制作出漂亮的网页
        </p>
        <p align="center">
            <img src="img/pic02-3.jpg"/>
        </p>
        <hr width="800" size="1"   />
        <p align="center">制作者：丁小</p>
    </body>
</html>
```

（2）保存文件。

3. 创建链接

（1）在网页文件 web02-1.html 中链接网页文件 web02-2.html 和 web02-3.html。打开本单元学习任务一中的网页文件 web02-1.html，代码如下：

```html
<!DOCTYPE html>
<html>
```

```
<head>
    <meta charset="UTF-8">
    <title>我的网页作品</title>
</head>
<body>
    <h1> 我的作品 </h1>
    <p>HTML 学习 </p>
    <p> 网页作品展 </p>
    <hr />
    <p> 版权所有 &copy; 2022</p>
</body>
</html>
```

（2）在 \<p\> 标签内，分别添加一对 \<a\> 标签，创建网页链接，代码如下：

```
<p><a href="web02-2.html">HTML 学习 </a></p>
    <p><a href="web02-3.html"> 网页作品展 </a></p>
```

（3）保存文件。

知识链接

1．\<br\> 标签

在 HTML 文本显示中，默认将一行文字连续显示出来，如果想把一个句子后面的内容在下一行显示，那么可以使用 \<br\> 标签。\<br\> 标签是单标签，又叫作空标签，\<br\> 标签中不包含任何内容。若在网页文字中使用了 \<br\> 标签，则当浏览网页时，该标签之后的内容将在下一行显示。

2．\<img\> 标签

在准备好图像文件后，就可以使用 \<img\> 标签将图像插入网页。\<img\> 标签的基本语法如下：

```
<img src=" 图像文件的地址 " />
```

在上述语法中，src 属性用来设置图像文件所在路径，这一路径可以是相对路径，也可以是绝对路径。网页中常用的图像类型有 GIF 格式、JPEG 格式和 PNG 格式。

3. <a> 标签

网页中的链接范围很广。使用 <a> 标签不仅可以进行网页之间的相互链接，而且可以将网页链接至相关的图像文件、多媒体文件、下载程序等。使用 <a> 标签创建各种链接的基本语法如下：

```
<a href="链接目标" target="目标窗口的弹出方式">文本或图像</a>
```

<a> 标签用于定义超链接，href 和 target 是它的常用属性。href 属性用于指定链接目标的 URL，target 属性用于指定链接网页的打开方式，其值有 _self 和 _blank 两种，其中 _self 为默认值，表示链接的目标文件在原窗口中打开，而 _blank 表示链接的目标文件在新窗口中打开。

4. 绝对路径和相对路径

图像路径指图像文件的位置，链接路径指链接目标文件的位置。路径通常分为绝对路径和相对路径两种。

1）绝对路径

绝对路径指带有域名的文件的完整路径，如网站域名是 www.gzeis.edu.cn，如果在 WWW 根目录下放置一个文件 index.html，那么这个文件的绝对路径就是 http://www.gzeis.edu.cn/index.html。

对于使用本地硬盘制作的网页来说，如网页文件 web02-3.html，如果保存在 D 盘下的 unit02 文件夹中，则该文件的绝对路径是 D:\unit02\web02-3.html，网页中使用的图像文件 pic02-3.jpg 的绝对路径是 D:\unit02\img\pic02-3.jpg。

2）相对路径

相对路径就是相对于当前文件的路径，相对路径不带盘符，通常以 HTML 网页文件为起点，通过层级关系描述目标图像的位置。相对路径的设置分为以下 3 种。

（1）图像文件和 HTML 文件位于同一文件夹中，只需要输入图像文件名即可，如 <img src="pic.jpg" />。

（2）图像文件位于 HTML 文件的下一级文件夹中，需要输入文件夹名和文件名，并用"/"隔开，如 <img src="img/pic.jpg" />。

（3）图像文件位于 HTML 文件的上一级文件夹中，需在文件名之前添加

"../"，如果位于 HTML 文件的上两级文件夹中，则需要使用 "../../"，以此类推，如 <img src="../img/pic.jpg" />。

单元小结

本单元介绍了 HTML 文件的基本格式、语法，以及一些常用标签，如 <hi>、<p>、
、<hr> 等，简单介绍了 <img> 标签和 <a> 标签。通过本章的学习，学生应掌握这些标签，为后面单元的学习打下基础。

实践任务

（1）制作"HTML 基础"网页，网页浏览效果如图 2-4-1 所示（文件名：ex02-1.html）。

具体要求如下。

- 网页标题为"HTML 基础"。
- 在网页中添加文字，网页中的第 1 行文字"HTML 标签"的格式为"标题 1"。
- 文字在网页中居中。
- 在网页中添加两条水平线，水平线的长度为 500px，粗细为 1px。
- 在底部添加版权信息。

（2）制作"hi 标题标签"网页，网页浏览效果如图 2-4-2 所示（文件名：ex02-2.html）。

具体要求如下。

- 网页标题为"hi 标题标签"。
- 在网页中添加文字，版权信息文字使用 <p> 标签，其余文字使用 <hi> 标签。
- 在网页中添加水平线，在底部添加版权信息。

（3）制作"个人介绍"网页，网页浏览效果如图 2-4-3 所示（文件名：

ex02-3.html）。

具体要求如下。

- 网页标题为"个人介绍"。
- 在网页中添加文字和水平线。
- 网页中的第 1 行文字"个人介绍"的格式为"标题 1"，居中。
- 版权信息文字居中。

图 2-4-1 "HTML 基础"网页浏览效果　　图 2-4-2 "hi 标题标签"网页浏览效果

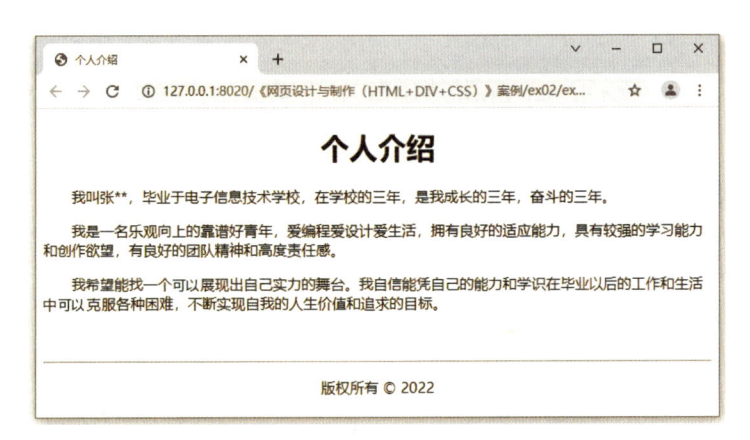

图 2-4-3 "个人介绍"网页浏览效果

（4）制作"诗词欣赏"网页，网页浏览效果如图 2-4-4 所示（文件名：ex02-4.html）。

具体要求如下。

- 网页标题为"诗词欣赏"。
- 添加文字、图像和水平线，水平线的长度与浏览器的宽度一致。
- 第 1 行文字的格式为"标题 1"，第 2 行文字的格式为"标题 3"。

- 4 行诗句属于一个段落。
- 所有文字和图像居中。

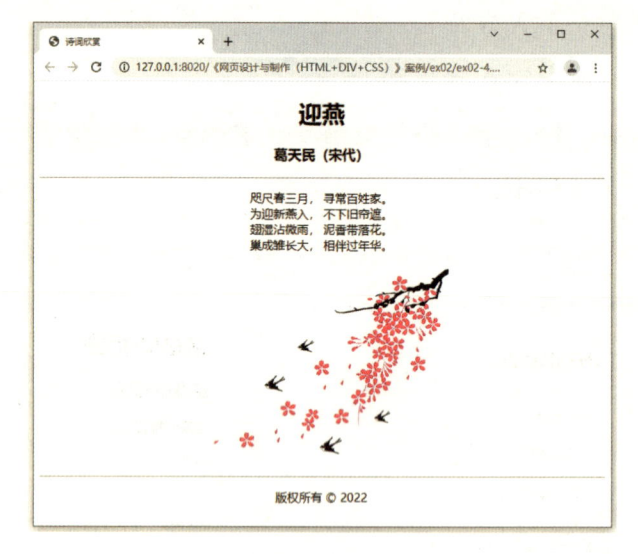

图 2-4-4 "诗词欣赏"网页浏览效果

（5）作品链接。

具体要求如下。

- 打开网页文件 ex02-1.html，将网页文件中的文字"标题标签"链接至网页文件 ex02-2.html，文字"段落标签"链接至网页文件 ex02-3.html，文字"段落与图像标签"链接至网页文件 ex02-4.html。
- 保存文件。网页文件 ex02-1.html 链接后的网页效果如图 2-4-5 所示。

图 2-4-5 网页文件 ex02-1.html 链接后的网页效果

第三单元 CSS 基础

单元学习目标

- 了解 CSS 基本概念。
- 了解使用 CSS 样式控制网页的方法。
- 掌握使用内嵌样式控制网页的方法。
- 初步了解外部样式文件的链接方法。
- 初步掌握标签选择器。

单元学习内容

使用 HTML 标签属性对网页进行修饰的方法存在很大的局限和不足，如果希望网页美观，并且维护方便，就需要使用 CSS 美化网页，实现结构与表现的分离。

CSS 被称为层叠样式表，又被称为 CSS 样式表或样式表。CSS 以 HTML 为基础，用于控制网页样式，对网页中元素位置的排版进行像素级的精确控制。CSS 不仅提供了丰富的功能，如字体、颜色、背景的控制及整体排版等，而且可以针对不同的浏览器设置不同的样式。如图 3-0-1 所示，文字的大小、字体、颜色、位置和图像的大小、边框线条都是由 CSS 控制的。

要想使用 CSS 修饰网页，就需要在 HTML 文件中引入 CSS。常用的引入 CSS 的方法有 4 种，即行内样式、内嵌样式、链接样式、导入样式。

选择器（Selector）是 CSS 中很重要的概念，所有 HTML 语言中的标签都是通过不同的选择器进行控制的。用户只需要通过选择器对不同的 HTML 标签进行控制，并赋予其各种样式声明，即可实现各种效果。在 CSS 中，有不同类型的选择器，基本选择器有标签选择器、类选择器和 id 选择器 3 种。

本单元将介绍在网页中引入 CSS 样式的方法，以及 CSS 样式的定义与应用。

图 3-0-1　使用 CSS 控制网页元素

学习任务一　行内样式与内嵌样式

任务描述

制作"行内样式与内嵌样式"网页，网页浏览效果如图 3-1-1 所示（文件名：web03-1.html）。

具体要求如下。

- 在网页中添加文字和水平线。

- 第 1 行诗名的格式为"标题 1",字体为微软雅黑,颜色值为 #F90。
- 第 2 行作者姓名的格式为"标题 1",字体为楷体,颜色值为 #09F。
- 4 行诗句使用 <p> 标签,字体为宋体,颜色值为 #09F。
- 所有文字居中。

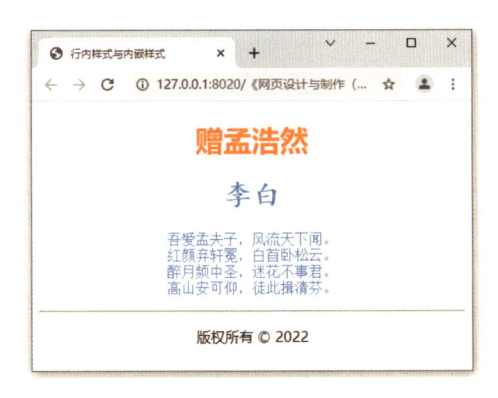

图 3-1-1 "行内样式与内嵌样式"网页浏览效果

任务实施

1. 定义站点和新建网页文件

在本地硬盘中创建 unit03 文件夹,将该文件夹作为站点,在该文件夹中新建网页文件 web03-1.html。

2. 修改网页结构和样式

(1)打开新建的网页文件 web03-1.html,修改其网页结构。修改完成的网页浏览效果如图 3-1-2 所示。

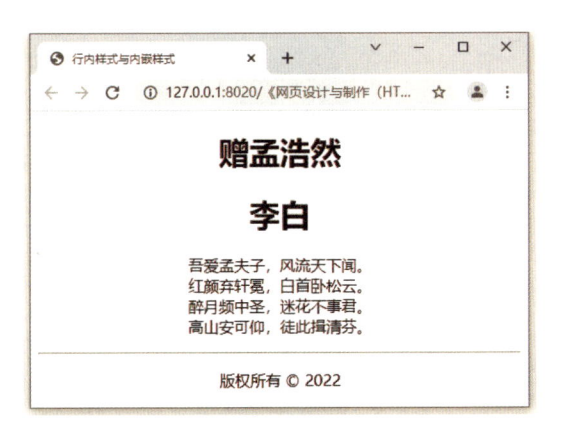

图 3-1-2 修改完成的网页浏览效果

网页结构代码如下：

```
<!DOCTYPE html>
<html>
    <head>
        <meta charset="UTF-8">
        <title>行内样式与内嵌样式</title>
    </head>
<body>
        <h1>赠孟浩然</h1>
        <h1>李白</h1>
        <p>
            吾爱孟夫子，风流天下闻。<br />
            红颜弃轩冕，白首卧松云。 <br />
            醉月频中圣，迷花不事君。<br />
            高山安可仰，徒此揖清芬。
        </p>
        <hr />
        <p>版权所有 &copy; 2022</p>
    </body>
</html>
```

（2）使用行内样式，设置第 1 行诗名和第 2 行作者姓名的字体和颜色，代码如下：

```
<h1 style="font-family: '微软雅黑';color: #F90;">赠孟浩然</h1>
<h1 style="font-family: '楷体';color: #09F;">李白</h1>
```

（3）使用行内样式，设置诗句的字体和颜色，代码如下：

```
<p style="font-family: '宋体';color: #09F;">
    吾爱孟夫子，风流天下闻。<br />
    红颜弃轩冕，白首卧松云。 <br />
    醉月频中圣，迷花不事君。<br />
    高山安可仰，徒此揖清芬。
</p>
```

（4）使用内嵌样式，设置所有文字居中，代码如下：

```
<head>
    <meta charset="UTF-8">
    <title>行内样式与内嵌样式</title>
    <style>
        body{
```

```
        text-align: center;
    }
    </style>
</head>
```

（5）保存文件。

知识链接

1. 行内样式

行内样式又被称为内联样式，是通过标签的 style 属性来设置元素的样式。其基本语法如下：

```
< 标签名  style=" 属性 1: 属性值 1; 属性 2: 属性值 2; 属性 3: 属性值 3…"> 内容 </ 标签名 >
```

行内样式写在开始标签中。例如：

```
<!- - 设置文字颜色和文字字体 - ->
<h1 style="color:#ff0000; font-family: 黑体 "> 唐诗 </h1>
<p style="color:#ff0000;font-family: 黑体 "> …</p>
<!- - 设置网页背景颜色 - ->
<body style="background-color:#09F;">…</body>
```

文字样式中的属性在第四单元中详细讲解。

2. 内嵌样式

内嵌样式又被称为内部样式，是将 CSS 代码集中写在 HTML 文件的 <head> 标签中，并且使用 <style> 标签定义。其基本语法如下：

```
<head>
    <style  type="text/css">
        选择器 { 属性 1: 属性值 1; 属性 2: 属性值 2; 属性 3: 属性值 3;}
    </style>
</head>
```

3. 链接样式

链接样式是将所有样式放在一个或多个以 .css 为扩展名的外部样式表文件中，通过 <link> 标签将外部样式表文件链接至 HTML 文件。其基本语法如下：

```
<head>
    <link href="css 文件的路径 " type="text/css" rel="stylesheet" />
</head>
```

4. 导入样式

导入外部样式表指在内部样式表的 <style> 标签中导入一个外部样式，在导入时使用 @import。其基本语法如下：

```
<head>
    <style type="text/css">
        @import url("外部样式表的文件名");
    </style>
</head>
```

说明：import 语句后面的"；"一定要加上；@import 应该放在 style 属性的任何其他样式规则前面。

学习任务二　标签选择器

任务描述

制作"标签选择器"网页，网页浏览效果如图 3-2-1 所示（文件名：web03-2.html）。

具体要求如下。

- 在网页中添加文字，所有文字居中。
- 网页中的文字"食在广州"的颜色为蓝色（颜色值为 #0099FF），字体为微软雅黑，大小为 30px。
- 网页中的文字"广州老字号酒家""广州著名的菜点""广州特色小吃"的颜色为橙色（颜色值为 #FF9900），字体为黑体，大小为 20px。
- 其余文字颜色为黑色，字体为楷体，大小为 16px。
- 在网页中添加水平线。

图 3-2-1 "标签选择器"网页浏览效果

任务实施

1. 新建网页文件

在 unit03 文件夹中新建网页文件 web03-2.html。

2. 分析网页结构

由于网页中 3 种颜色的文字，蓝色文字只有 1 行，并且加粗；橙色文字有 3 行，3 行文字的字体和大小一样，并且都加粗；所有黑色文字的字体和大小也一样，因此网页结构可以考虑使用 3 种标签。蓝色文字使用 <h1> 标签，橙色文字使用 <h2> 标签，其余颜色文字使用 <p> 标签。

3. 修改网页结构和样式

（1）打开新建的网页文件 web03-2.html，修改网页结构，代码如下：

```
<body>
    <h1> 食在广州 </h1>
    <h2> 广州老字号酒家 </h2>
    <p> 广州酒家、泮溪酒家、莲香楼、陶陶居 </p>
    <h2> 广州著名的菜点 </h2>
    <p> 白切鸡、烧鹅、烤乳猪、红烧乳鸽、蜜汁叉烧 </p>
    <h2> 广州特色小吃 </h2>
    <p> 萝卜牛腩、云吞面、艇仔粥、布拉肠粉、鸡仔饼 </p>
    <hr />
    <p> 版权所有 &copy; 2022</p>
</body>
```

（2）修改网页样式，代码如下：

```html
<head>
    <meta charset="UTF-8">
    <title>标签选择器</title>
    <style>
        body{
            text-align: center;
        }
        h1{
            color: #0099FF;
            font-family: " 微软雅黑 ";
            font-size: 30px;
        }
        h2{
            color: #FF9900;
            font-family: " 黑体 ";
            font-size: 20px;
        }
        p{
            font-family: " 楷体 ";
            font-size: 16px;
        }
    </style>
</head>
```

（3）保存文件。

知识链接

1. 标签选择器

标签选择器是直接将 HTML 标签作为选择器，可以是 <body>、<h1>、<p>、<div>、<span> 等 HTML 标签。标签选择器的基本语法如下：

```
标签名 {
    属性：属性值；
    属性：属性值；
    ...
}
```

例如，使用标签选择器设置所有 <h1> 标签文字的字体为黑体，大小为

24px，颜色为红色，代码如下：

```
h1{
    color: red;
    font-family: 黑体;
    font-size: 24px;
}
```

以上代码实现了对网页结构中出现的所有 <h1> 标签应用样式。如果某些样式应用于网页中的所有元素，且网页中的所有文本居中，那么可以对 <body> 标签设置样式，代码如下：

```
body{
    text-align: center;
}
```

2. 标签选择器的应用

在使用标签选择器定义样式时，网页文档中出现该标签的位置将全部应用定义的样式。

学习任务三　类选择器

任务描述

制作"类选择器"网页，网页浏览效果如图 3-3-1 所示（文件名：web03-3.html）。

具体要求如下。

- 在网页中添加文字和水平线。
- 第 1 行文字"广州饮食业"的字体为微软雅黑，大小为 24px，颜色为灰色（颜色值为 #666666），其余文字的大小均为 20px。
- 第 2 行文字"东园酒家"的字体为楷体，颜色为红色（颜色值为

图 3-3-1　"类选择器"网页浏览效果

#FF0000)。
- 第 3 行文字"南园酒家"的字体为仿宋,颜色为绿色(颜色值为 #00FF00)。
- 第 4 行文字"西园酒家"的字体为微软雅黑,颜色为蓝色(颜色值为 #0000FF)。
- 第 5 行文字"北园酒家"的字体为黑体,颜色为紫红色(颜色值为 #FF00FF)。

任务实施

1. 新建网页文件

在 unit03 文件夹中新建网页文件 web03-3.html。

2. 分析网页结构

网页中的第 1 行文字加粗,可以使用 <h1> 标签,其余文字没有加粗,一般不使用 <h1> 标签,而且由于每行文字的效果不一样,因此除第 1 行文字外,其余文字均使用 <p> 标签。第 1 行文字的 CSS 样式由于是唯一的 <h1> 标签,因此可以使用标签选择器定义。又由于其余文字虽都使用相同的 <p> 标签,但效果不同,因此 CSS 样式可以采用类选择器定义。

3. 修改网页结构和样式

(1)打开新建的网页文件 web03-3.html,修改网页结构,代码如下:

```
<body>
    <h1>广州饮食业</h1>
    <p>东园酒家</p>
    <p>南园酒家</p>
    <p>西园酒家</p>
    <p>北园酒家</p>
    <hr />
    <p>版权所有 &copy; 2022</p>
</body>
```

(2)修改网页样式。以标签选择器定义 <body> 标签的样式,设置全部文字居中。第 1 行文字"广州饮食业"由于使用 <h1> 标签,因此也使用标签选择器创建 CSS 样式。除第 1 行文字外的文字由于采用 <p> 标签,且大小均是

20px，因此使用标签选择器设置这些文字的大小。其代码如下：

```
<style>
    body{
        text-align: center;
    }
    h1{
        font-family: " 微软雅黑 ";
        font-size: 24px;
        color: #666666;
    }
    p{
        font-size: 20px;
    }
</style>
```

（3）使用类选择器定义 4 种不同字体和颜色的文字样式，代码如下：

```
.txt1{
    font-family:" 楷体 ";
    color: #FF0000;
}
.txt2{
    font-family: " 仿宋 ";
    color: #00FF00;
}
.txt3{
    font-size: " 微软雅黑 ";
    color: #0000FF;
}
.txt4{
    font-family: " 黑体 ";
    color: #FF00FF;
}
```

（4）将 .txt1、.txt2、.txt3、.txt4 样式分别用 class 属性应用到对应的 <p> 标签中。

```
<body>
    <h1> 广州饮食业 </h1>
    <p class="txt1"> 东园酒家 </p>
    <p class="txt2"> 南园酒家 </p>
    <p class="txt3"> 西园酒家 </p>
```

```
<p class="txt4">北园酒家 </p>
<hr />
<p>版权所有 &copy; 2022</p>
</body>
```

（5）保存文件。

知识链接

1. 类选择器

在网页中通过使用标签选择器，可以控制网页中所有该标签显示的样式，但是根据网页设计过程中的实际需要，标签选择器对设置个别的样式还是不能普及的，这就需要使用类选择器来实现特殊效果的设置。

类选择器用来为一系列的标签定义相同的显示样式。其基本语法如下：

```
.类名称{
  属性：属性值；
  属性：属性值；
  ...
}
```

类名称表示类选择器的名称，具体名称由网页设计者自己命名。类名称以字母开头，由字母、数字、下画线、短横线组成。在定义类选择器时，需要在类名称前面添加"."。例如：

```
.text01{
  font-size:20px;
}
.text02{
  color:green;
}
```

在网页结构中，需要使用 class 属性应用使用类选择器定义的样式。例如：

```
<h1 class="text01">标题样式 </h1>
<p class="text02">段落一样式 </p>
<p class="text02">段落二样式 </p>
```

一个使用类选择器定义的样式可以被多个标签应用。

2. 比较标签选择器与类选择器

以下两段代码为两种类型的选择器定义和应用方法的比较，左侧代码是用标签选择器定义样式的，右侧代码是用类选择器定义样式的。

```
<style>
 p {
    font-size:14px;
    color:red;
 }
</style>

<p>...</p>
```

```
<style>
 .text1 {
    font-size:12px;
    color:red;
 }
</style>

<p class="text1">...</p>
```

（1）使用标签选择器定义样式，样式名称是网页结构中使用的某个标签名，无须命名；使用类选择器定义样式，样式名称是由网页设计者自己定义的，以字母开头，由字母、数字、下画线、短横线组成。

（2）在使用标签选择器定义样式后，结构中的所有该标签将直接应用样式；而在使用类选择器定义样式后，则需要对结构中的标签使用 class 属性应用样式。

学习任务四 id 选择器

任务描述

制作"阳光下飘雪"网页，网页浏览效果如图 3-4-1 所示（文件名：web03-4.html）。

具体要求如下。

- 标题文字"阳光下飘雪"的字体为微软雅黑，大小为 24px，居中。
- 文字"发稿日期：2021 年 12 月"的字体采用默认值，大小为 14px，颜色值为 #0099FF，居中。
- 两段正文文字的字体为仿宋，大小为 18px，首行缩进两个字符。
- 版权信息文字的大小为 14px，居中。

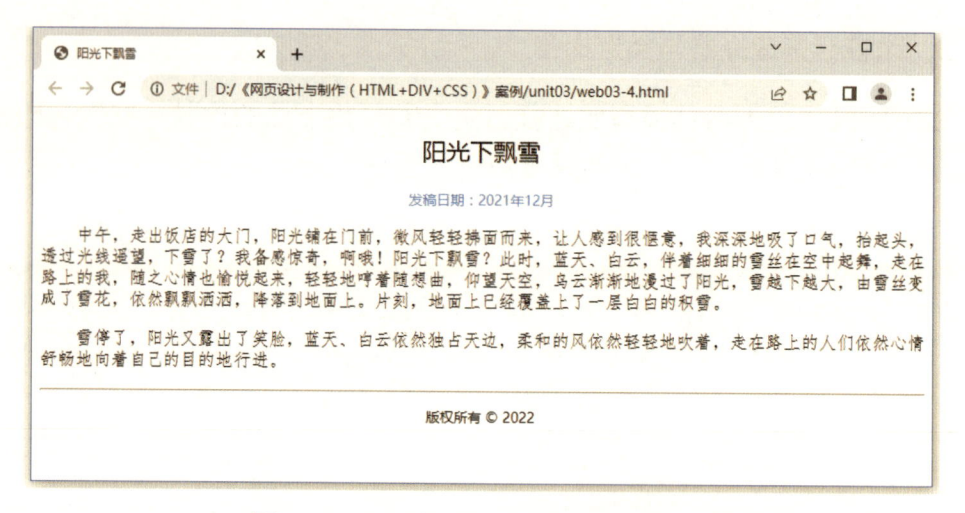

图 3-4-1 "阳光下飘雪"网页浏览效果

任务实施

1. 新建网页文件

在 unit03 文件夹中新建网页文件 web03-4.html。

2. 分析网页结构

由于网页中的所有文字都没有加粗，因此网页中的所有文字均可以使用 <p> 标签。

3. 修改网页结构和样式

（1）打开新建的网页文件 web03-4.html，修改网页结构，给文章标题文字"阳光下飘雪"所在的 <p> 标签起一个 id，即"title"，给文字"发稿日期：2012 年 12 月"所在的 <p> 标签起一个 id，即"time"。其代码如下：

```
<body>
    <p id="title"> 阳光下飘雪 </p>
    <p id="time"> 发稿日期：2021 年 12 月 </p>
    <p>
        中午，走出饭店的大门，阳光铺在门前，微风轻轻拂面而来，让人感到很惬意，我深深地吸了口气，抬起头，透过光线遥望，下雪了？我备感惊奇，啊哦！阳光下飘雪？此时，蓝天、白云，伴着细细的雪丝在空中起舞，走在路上的我，随之心情也愉悦起来，轻轻地哼着随想曲，仰望天空，乌云渐渐地漫过了阳光，雪越下越大，由雪丝变成了雪花，依然飘飘洒洒，降落到地面上。片刻，地面上已经覆盖上了一层白白的积雪。
```

```
    </p>
    <p>
        雪停了，阳光又露出了笑脸，蓝天、白云依然独占天边，柔和的风依然轻轻地
吹着，走在路上的人们依然心情舒畅地向着自己的目的地行进。
    </p>
    <hr />
    <p>版权所有 &copy; 2022</p>
</body>
```

（2）给两个有 id 的 <p> 标签设置 CSS 样式，代码如下：

```
<style>
    #title{
        font-family: "微软雅黑";
        font-size: 24px;
        text-align: center;
    }
    #time{
        font-size: 14px;
        color: #0099FF;
        text-align: center;
    }
</style>
```

（3）使用类选择器定义文章正文文字和版权信息文字样式，代码如下：

```
<style>
    #title{
        …
    }
    #time{
        …
    }
    .text{
        font-family: "仿宋";
        font-size: 18px;
        text-indent: 36px;
    }
    .footer{
        font-size: 14px;
        text-align: center;
    }
</style>
```

（4）将使用类选择器定义的样式应用至网页结构中，代码如下：

```html
<body>
    <p id="title">阳光下飘雪</p>
    <p id="time">发稿日期：2021年12月</p>
    <p class="text">
        中午，走出饭店的大门，阳光铺在门前，微风轻轻拂面而来，让人感到很惬意，我深深地吸了口气，抬起头，透过光线遥望，下雪了？我备感惊奇，啊哦！阳光下飘雪？此时，蓝天、白云，伴着细细的雪丝在空中起舞，走在路上的我，随之心情也愉悦起来，轻轻地哼着随想曲，仰望天空，乌云渐渐地漫过了阳光，雪越下越大，由雪丝变成了雪花，依然飘飘洒洒，降落到地面上。片刻，地面上已经覆盖上了一层白白的积雪。
    </p>
    <p class="text">
        雪停了，阳光又露出了笑脸，蓝天、白云依然独占天边，柔和的风依然轻轻地吹着，走在路上的人们依然心情舒畅地向着自己的目的地行进。
    </p>
    <hr />
    <p class="footer">版权所有 &copy; 2022</p>
</body>
```

（5）保存文件。

知识链接

1. id 选择器

对于一个网页而言，其中的每个标签（或其他对象）均可以使用 id 属性进行一个名称的指派。id 可以理解为一个唯一标识，在网页中每个 id 只能使用一次。

例如，在网页结构中，使用 id 属性指派 \<div\> 标签的名称，代码如下：

```html
<div id="box"> </div>
<div id="main"> </div>
```

给已指定 id 的元素定义 CSS 样式，代码如下：

```css
# id{
  属性：属性值;
  属性：属性值;
  ...
}
```

在 CSS 样式中，使用 id 选择器定义样式，代码如下：

```
<style>
    #box{
        属性：属性值；
    }
    #main{
        属性：属性值；
    }
</style>
```

2. 比较 id 选择器、类选择器与标签选择器

以下 3 段代码为 3 种类型的选择器定义和应用方法的比较，左侧代码使用 id 选择器定义样式，中间代码使用类选择器定义样式，右侧代码使用标签选择器定义样式。

```
<style>                    <style>                    <style>
  #text1 {                   .text1 {                   p {
    font-size:14px;            font-size:14px;            font-size:14px;
    color:red;                 color:red;                 color:red;
  }                          }                          }
</style>                   </style>                   </style>
<p id="text1">…</p>        <p class="text1">…</p>     <p>…</p>
```

（1）使用 id 选择器与类选择器定义样式，样式名称是由网页设计者自己定义的，以字母开头，由字母、数字、下画线、短横线组成。id 选择器在样式名称前面添加了"#"，类选择器在样式名称前面添加了"."，标签选择器的样式名称就是标签名，无须自己定义。

（2）使用 id 选择器定义的样式在结构中的标签使用 id 属性，使用类选择器定义的样式在结构中的标签使用 class 属性，使用标签选择器定义的样式在结构中无须应用。

3. 优先级问题

以上 3 种基本选择器在用于同一个元素后，就会出现优先级问题。它们的优先级从高到低依次是：id 选择器、类选择器、标签选择器。

其结构代码如下：

```
#main{
```

```
    color: red;
}
.text01{
    color: green;
}
p{
    color: blue;
}
```

其网页结构代码如下：

```
<p id="main" class="text01">CSS 选择器优先级 </p>
```

由于 id 选择器的级别最高，因此使用 id 选择器定义样式后在网页中浏览文字的颜色为红色。

单元小结

本单元介绍了 CSS 样式规则、引入方法，以及基本选择器。通过本单元的学习，学生应掌握使用 CSS 样式控制网页中文字的字体、大小、颜色样式的方法。

实践任务

（1）制作"行内样式"网页，使用行内样式设置文字的 CSS 样式，网页浏览效果如图 3-5-1 所示（文件名：ex03-1.html）。

具体要求如下。

- 诗名格式为"标题 2"，作者姓名格式为"标题 4"。
- 所有文字居中。
- 第 1 首诗的字体为微软雅黑，颜色为绿色。
- 第 2 首诗的字体为仿宋，颜色为蓝色。

（2）制作"类选择器"网页，使用内嵌样式，运用类选择器设置 CSS 样式，网页浏览效果如图 3-5-2 所示（文件名 ex03-2.html）。

具体要求如下。
- 所有文字的大小均为 20px。
- 第 1 行文字的字体为楷体，颜色为红色（颜色值为 #FF0000）。
- 第 2 行文字的字体为仿宋，颜色为绿色（颜色值为 #00FF00）。
- 第 3 行文字的字体为微软雅黑，颜色为蓝色（颜色值为 #0000FF）。
- 第 4 行文字的字体为黑体，颜色为紫红色（颜色值为 #FF00FF）。

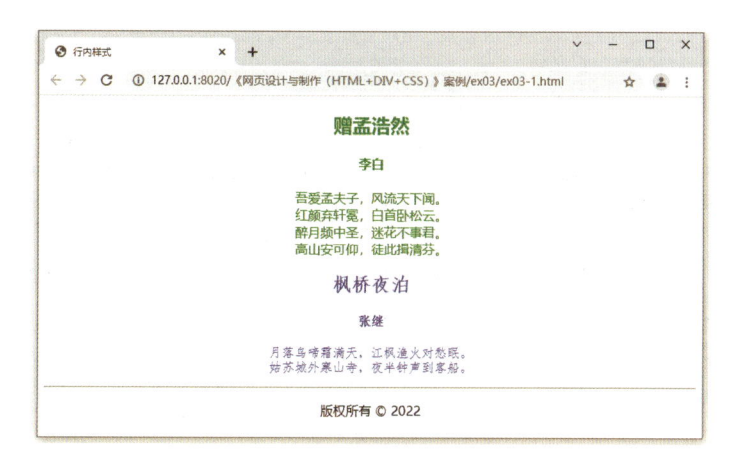

图 3-5-1 "行内样式"网页浏览效果

图 3-5-2 "类选择器"网页浏览效果

（3）制作"标签选择器和类选择器"网页，使用内嵌样式完成网页效果的设计，运用标签选择器和类选择器设置 CSS 样式，网页浏览效果如图 3-5-3 所示（文件名：ex03-3.html）。

具体要求如下。
- 网页背景颜色为蓝色（颜色值为 #00CCFF）。
- 文章标题文字"冬至的由来"使用 <h2> 标签，颜色为白色（颜色值为 #FFFFFF），字体为微软雅黑，居中。

- 文章正文文字的大小为 14px，行高为 28px，首行缩进两个字符。
- 文章正文中的所有文字"冬至"的颜色均为红色（颜色值为 #FF0000），加粗，大小为 18px。注意，文字"冬至"使用 <span> 标签，<span> 标签本身没有任何效果，可以用来定义样式。
- 版权信息文字的大小为 14px，居中。

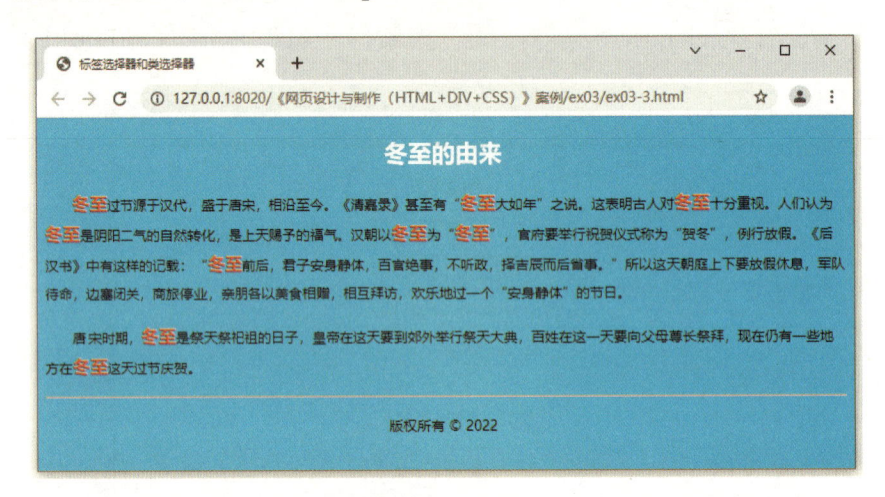

图 3-5-3 "标签选择器和类选择器"网页浏览效果

（4）制作"CSS 选择器类型"网页，使用内嵌样式，运用标签选择器、类选择器或 id 选择器设置 CSS 样式，网页浏览效果如图 3-5-4 所示（文件名：ex03-4.html）。

具体要求如下。

- 文章标题文字"镇海楼"加粗，字体为微软雅黑，大小为 24px，颜色值为 #0099FF，居中。
- 文章副标题文字"羊城八景之一"的大小为 18px，颜色值为 #999999，居中。
- 文章第 1 段文字的字体为微软雅黑，大小为 16px，首行缩进两个字符，行距为 28px，颜色值为 #FF0000。
- 文章第 2 段文字的字体为仿宋，大小为 16px，首行缩进两个字符，行距为 28px；
- 文章第 3 段文字的字体为宋体，大小为 16px，首行缩进两个字符，行距为 28px。

- 版权信息文字的大小为 14px，居中。

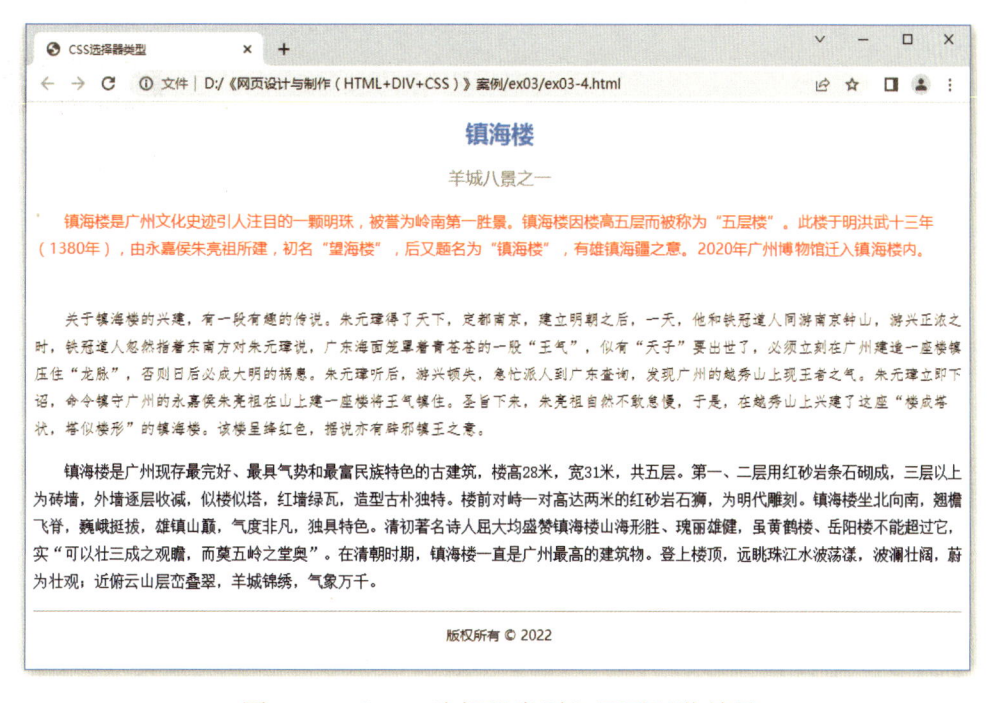

图 3-5-4 "CSS 选择器类型"网页浏览效果

第四单元 网页文字

单元学习目标

- 掌握文字样式常用属性。
- 掌握文字的 CSS 样式。
- 初步掌握 <div> 标签属性。
- 初步掌握外部链接样式。

单元学习内容

网页文字是在网页中传递信息的主要手段之一。美观大方的网页,需要使用 CSS 样式修饰,而网页文字的排版则需要使用 <div> 标签与 CSS 样式进行精确定位。

<div> 标签是区块容器标记,在 <div> 标签中可以放置一些其他 HTML 元素。例如,<p> 标签、<h1> 标签、<img> 标签、<table> 标签和 <form> 标签等。使用 CSS 相关属性,可以将 <div> 标签中的元素作为一个独立对象进行修饰。本单元将介绍网页文字。

学习任务一　网页文字样式

任务描述

制作"中国传统节日"网页,网页浏览效果如图 4-1-1 所示(文件名:web04-1.html)。

具体要求如下。

- 网页中的所有文字的字体均为微软雅黑。
- <div> 标签的宽度为 780px，浏览时居中。
- 栏目标题文字的大小为 28px，颜色值为 #AA0000，标题文字下面有一条粗细为 1px 的实线，线条的颜色值为 #AA0000。
- 3 篇文章标题文字的大小均为 20px，3 篇文章正文文字的大小均为 14px，两倍行距，首行缩进两个字符。每篇文章下面均有一条粗细为 1px 的点画线，线条的颜色值为 #AA0000。
- "【详细】"的颜色值为 #AA0000。
- 版权信息文字的大小为 14px，居中。

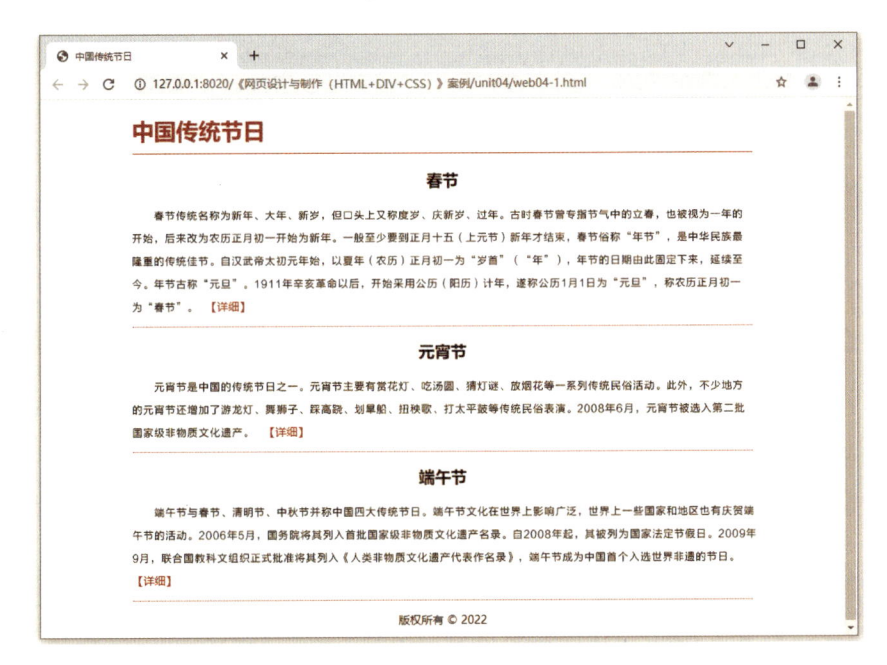

图 4-1-1 "中国传统节日"网页浏览效果

任务实施

1. 定义站点和新建网页文件

在本地硬盘中创建 unit04 文件夹，将该文件夹作为站点，在该文件夹中新建网页文件 web04-1.html。

2. 分析网页结构

由于网页中的所有内容宽度均为 780px，浏览时居中，因此网页中的所有

文字需要用一对 <div> 标签进行定位。设置 <div> 标签的宽度为 780px，并设置该 <div> 标签浏览时居中。网页中的内容主要包括栏目标题文字、文章标题文字、文章正文文字和版权信息文字。由于栏目标题文字和文章标题文字加粗，并且应大些，因此可以考虑使用 <hi> 标签。由于文章正文文字和版权信息文字都没有加粗，因此可以使用 <p> 标签。由于文章正文文字包括黑色和红色两种，红色文字的字体和大小与黑色文字的字体和大小一样，并在同一行，因此红色文字使用 <span> 标签。

3. 修改网页结构和样式

（1）打开新建的网页文件 web04-1.html，修改网页结构，代码如下：

```
<body>
    <div id="box">
        <h1>中国传统节日</h1>
        <h2>春节</h2>
        <p>春节传统名称为新年、大年、新岁，但口头上又称度岁、庆新岁、过年。古时春节曾专指节气中的立春，也被视为一年的开始，后来改为农历正月初一开始为新年。一般至少要到正月十五（上元节）新年才结束，春节俗称"年节"，是中华民族最隆重的传统佳节。自汉武帝太初元年始，以夏年（农历）正月初一为"岁首"（"年"），年节的日期由此固定下来，延续至今。年节古称"元旦"。1911年辛亥革命以后，开始采用公历（阳历）计年，遂称公历1月1日为"元旦"，称农历正月初一为"春节"。<span>【详细】</span></p>
        <h2>元宵节</h2>
        <p>元宵节是中国的传统节日之一。元宵节主要有赏花灯、吃汤圆、猜灯谜、放烟花等一系列传统民俗活动。此外，不少地方的元宵节还增加了游龙灯、舞狮子、踩高跷、划旱船、扭秧歌、打太平鼓等传统民俗表演。2008年6月，元宵节被选入第二批国家级非物质文化遗产。<span>【详细】</span></p>
        <h2>端午节</h2>
        <p>端午节与春节、清明节、中秋节并称中国四大传统节日。端午节文化在世界上影响广泛，世界上一些国家和地区也有庆贺端午节的活动。2006年5月，国务院将其列入首批国家级非物质文化遗产名录。自2008年起，其被列为国家法定节假日。2009年9月，联合国教科文组织正式批准将其列入《人类非物质文化遗产代表作名录》，端午节成为中国首个入选世界非遗的节日。<span>【详细】</span></p>
        <p>版权所有 &copy; 2022</p>
    </div>
</body>
```

（2）使用内嵌样式，设置网页中所有文字的字体，设置 <div> 标签的宽度和浏览时的对齐方式，代码如下：

```css
body{                          /* 网页中所有文字的字体 */
    font-family: " 微软雅黑 ";
}
#box{                          /*<div> 标签的样式 */
    width:780px;               /* 宽度为 780px*/
    margin: 0 auto;            /* 浏览时居中，<div> 标签与上、下对象的距离均为 0px，与左、右对象的距离均为自动，达到居中效果即可 */
}
```

（3）设置栏目标题的样式，代码如下：

```css
h1{
    color: #AA0000;
    /* 文字下面有一条粗细为 1px 的下框线，线条类型为实线 */
    border-bottom: solid 1px #AA0000;
    padding-bottom: 10px;               /* 文字与下框线的距离 */
    font-size: 28px;
}
```

（4）设置文章标题文字和正文文字的样式，代码如下：

```css
h2{                          /*3 篇文章标题文字的样式 */
    font-size: 20px;
    text-align: center;
}
.text{                       /*3 篇文章正文文字的样式 */
    font-size: 14px;
    line-height: 28px;
    text-indent: 28px;
    border-bottom: dotted 1px #AA0000;
    padding-bottom: 10px;
}
span{                        /* 文章中"【详细】"的颜色 */
    color: #AA0000;
}
```

（5）设置版权信息文字的样式，代码如下：

```css
.footer{
    font-size: 14px;
    text-align: center;
}
```

（6）将 .text 样式和 .footer 样式应用到 3 篇文章正文文字所在的 <p> 标签

和版权信息文字所在的 <p> 标签中，代码如下：

```
<body>
    <div id="box">
        <h1> 中国传统节日 </h1>
        <h2> 春节 </h2>
        <p class="text"> 春节传统名称为新年、大年、新岁……称农历正月初一为"春节"。<span>【详细】</span></p>
        <h2> 元宵节 </h2>
        <p class="text"> 元宵节是中国的传统节日之一……扭秧歌、打太平鼓等传统民俗表演。2008 年 6 月，元宵节被选入第二批国家级非物质文化遗产。<span>【详细】</span></p>
        <h2> 端午节 </h2>
        <p class="text"> 端午节与春节、清明节、中秋节……端午节成为中国首个入选世界非遗的节日。<span>【详细】</span></p>
        <p class="footer"> 版权所有 &copy; 2022</p>
    </div>
</body>
```

（7）保存文件。

知识链接

1. <div> 标签

目前，使用 DIV+CSS 进行网页排版是一种流行趋势。<div> 标签本身没有特定的含义，由于它属于块级元素，因此会在其前后显示换行。

<div> 标签的宽度可以使用 CSS 定义，采用 width 属性。例如，若 <div> 标签在结构中定义了 id 为 box，则在样式中可以使用以下代码定义 <div> 标签的宽度。

```
#box{
    width: 800px;
}
```

定义了宽度的 <div> 标签，浏览时居中，代码如下：

```
#box{
    width: 800px;
    margin: 0 auto;
}
```

有关 margin 属性将在后文中讲解,此处不再赘述。

2. <span> 标签

<span> 标签可以用作文本的容器。<span> 标签是行内元素,不会换行,没有特定的含义,通常与 CSS 一同使用,用来设置一行中的不同元素的样式。<span> 标签内的文字与标签外的文字在同一行中显示。例如:

```
p{
    这是 <span> 一行 </span> 文字
}
```

3. 文字样式常用属性

1) font-family 属性

font-family 属性用于设置文本的字体,如宋体、黑体、微软雅黑、Times New Roman 等,可以设置几种字体作为一种"后备"机制,如果浏览器不支持第一种字体,那么将尝试使用下一种字体。例如:

```
p{
    font-family:"arial, helvetica, sans-serif";
}
```

多个字体用逗号分隔,如果字体类型超过一个,那么必须使用引号隔开。例如:

```
p{
    font-family: "微软雅黑" , "宋体" ;
}
```

2) font-size 属性

font-size 属性用于设置文本的大小。文本的大小可以是绝对大小也可以是相对大小,绝对大小是设置一个指定大小的文本,不允许用户在所有浏览器中改变文本的大小,如 font-size:40px;。相对大小是相对于周围的元素设置大小,允许用户在浏览器中改变文本的大小,如 font-size:2.5em;,其中 em 的尺寸单位由 W3C 建议,1em 和当前文本的大小相等,浏览器中默认文本的大小是 16px。前面出现的 2.5em 也就是 40px。

3) font-style 属性

font-style 属性用于指定斜体文本的字体样式,代码如下:

```
font-style : normal | italic | oblique ;
```

以上3个属性值的含义如下。

normal（正常）：正常显示文本。

italic（斜体）：以斜体形式显示文本。

oblique（倾斜的文字）：文字向一边倾斜（和斜体类似，但不太支持）。

4）font-weight 属性

font-weight 属性用于指定文本的粗细，代码如下：

```
font-weight : normal | bold | 数值 ;
```

例如：

```
.normal {font-weight:normal;}
.thick {font-weight:bold;}
.thicker {font-weight:900;}
```

5）font-variant 属性

font-variant 属性用于把段落中的字母设置为小型大写字母，意味着所有小写字母均会被转换为大写字母，但是与其余文本相比，小型大写字母的尺寸更小。其代码如下：

```
font-variant : normal | small-caps | inherit ;
```

以上3个属性值的含义如下。

normal：默认值，浏览器中会显示标准的字体。

small-caps：浏览器中会显示小型大写字母的字体。

inherit：规定应该从父元素中继承 font-variant 属性的值。

6）line-height 属性

line-height 属性用于设置文本之间的行高，代码如下：

```
line-height : normal | 数值 | inherit ;
```

以上3个属性值的含义如下。

normal：默认值，用于设置合理的行距。

数值：可以使用像素值设置行距，也可以使用没有单位的数值设置行距。当不带单位时，将数值作为文字大小的倍数来设置行距。

inherit：规定应该从父元素中继承 line-height 属性的值。

7）font 文本复合属性

在一个声明中设置以上所有文本属性，可以设置的属性（按顺序）为：font-style、font-variant、font-weight、font-size/line-height、font-family，其中 font-size 和 font-family 属性的值是必需的。如果缺少了其他值，那么默认值将被插入。例如：

```
font:italic bold 12px/30px Georgia, serif;
```

8）color 属性

color 属性用于设置文本的颜色，如 color:red; 或 color:#FF0000。表 4-1-1 中为一些常用的颜色值。

表 4-1-1　常用的颜色值

颜色	颜色名称	十六进制值
黑色	black	#000000
白色	white	#FFFFFF
红色	red	#FF0000
绿色	green	#00FF00
蓝色	blue	#0000FF
紫红色	fuchsia	#FF00FF
黄色	yellow	#FFFF00
青色	cyan	#00FFFF
烟白色	whitesmoke	#F5F5F5

9）text-align 属性

text-align 属性用于设置文本的水平对齐方式，代码如下：

```
text-align : left | center | right | justify | inherit ;
```

以上 5 个属性值的含义如下。

left：默认值，把文本排列到左侧。

center：把文本排列到中间。

right：把文本排列到右侧。

justify：实现两端对齐文本的效果。

inherit：规定应该从父元素中继承 text-align 属性的值。

10）text-indent 属性

text-indent 属性规定文本块或文本段落中首行文本的缩进。该属性对 <div>、<p> 等标签有效果，对 <span>、<b> 等标签无效果，如 text-indent:50px; 规定将段落的第 1 行右缩进 50px。text-indent 属性的值允许是负数，如果值是负数，那么将会在第 1 行左缩进。

学习任务二　<div> 标签属性

任务描述

制作"元宵节的习俗"网页，网页浏览效果如图 4-2-1 所示（文件名：web04-2.html）。

具体要求如下。

- 最外层 <div> 标签的宽度为 800px，浏览时居中。<div> 标签的上方有一条粗细为 3px 的实线，颜色为暗红色（颜色值为 #AA0000），<div> 标签的左、右、下方均有一条粗细为 1px 的实线，颜色为浅灰色（颜色值为 #CCCCCC），<div> 标签的边框线条与里面文字的距离为 10px，<div> 标签背景颜色值为 #F5F5F5。

- 第 1 行标题文字的字体是微软雅黑，如无该字体，则设置为黑体，大小为 30px，颜色值为 #333333，加粗并居中。

- 文字"引言""全国民俗"的字体为微软雅黑，大小为 20px，颜色值为 #333333，居中，在文字下方有一条粗细为 1px 的虚线，虚线的颜色为浅灰色（颜色值为 #CCCCCC）。正文文字"元宵节"的颜色为蓝色（颜色值为 #0099FF）。

- 正文文字"吃元宵""闹花灯""猜灯谜"的字体为微软雅黑，大小为 18px。

- 所有正文文字的大小均为 18px，首行缩进两个字符，行距为 28px，颜色值为 #DD0000，加粗。

- 版权信息文字居中。

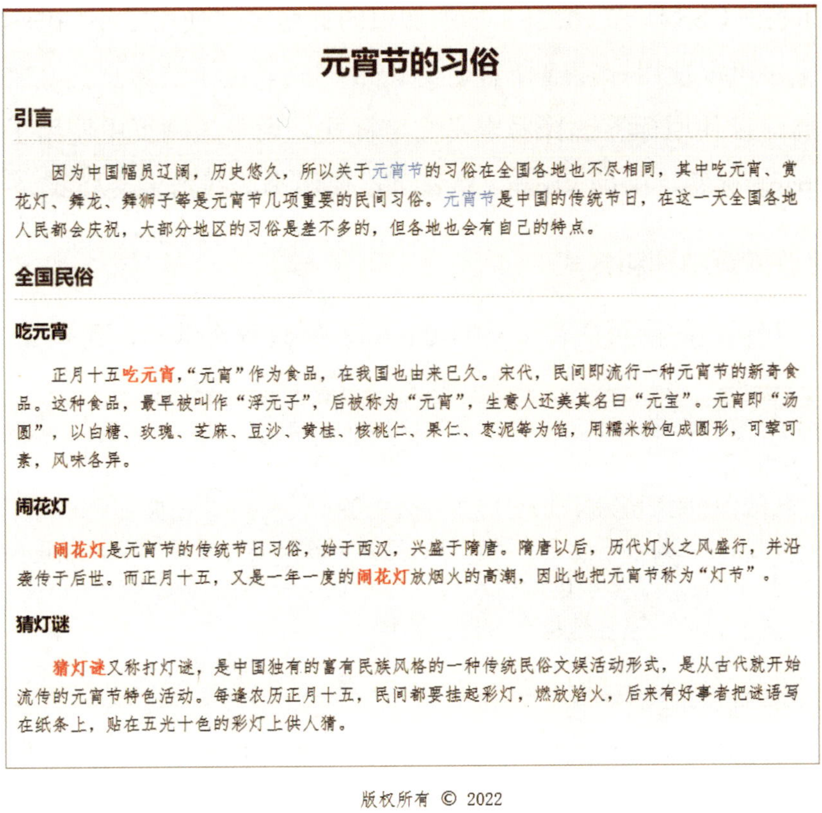

图 4-2-1 "元宵节的习俗"网页浏览效果

任务实施

1. 新建网页文件

在 unit04 文件夹中新建网页文件 web04-2.html。

2. 分析网页结构

网页主体内容放在一个带有背景颜色的框内，宽度为 800px，并在浏览时居中。版权信息文字不在该框内，在网页最外层有一对 <div> 标签，包含除版权信息文字外的所有文字。文章中有 3 种稍大并加粗的标题文字，这 3 种标题文字可以分别使用 3 种不同的 <hi> 标签，其余文字可以使用 <p> 标签。由于在正文文字中，大多数是深灰色文字，少数为蓝色文字和红色文字，并且这些蓝色文字、红色文字与深灰色文字在同一行内，因此均可以使用 <span> 标签。

由于最外层只有一对 <div> 标签，因此可以使用标签选择器或 id 选择器定

义 <div> 标签的 CSS 样式。由于文章中加粗的标题文字使用了不同的 <hi> 标签，因此这些文字可以使用标签选择器定义 CSS 样式。由于文章正文文字的样式均相同，因此可以使用标签选择器定义文字样式。由于该网页中使用了两种不同效果的 <span> 标签，因此 <span> 标签可以使用类选择器定义样式。

3. 修改网页结构和样式

（1）打开新建的网页文件 web04-2.html，修改网页结构，代码如下：

```
<div id="box">
    <h1> 元宵节的习俗 </h1>
    <h2> 引言 </h2>
        <p> 因为中国幅员辽阔，历史悠久，所以关于 <span> 元宵节 </span> 的习俗在全国各地也不尽相同，其中吃元宵、赏花灯、舞龙、舞狮子等是元宵节几项重要民间习俗。<span> 元宵节 </span> 是中国的传统节日，在这一天全国各地人民都会庆祝，大部分地区的习俗是差不多的，但各地也会有自己的特点。</p>
    <h2> 全国民俗 </h2>
    <h3> 吃元宵 </h3>
        <p> 正月十五 <span> 吃元宵 </span>，"元宵"作为食品，在我国也由来已久。宋代，民间即流行一种元宵节的新奇食品。这种食品，最早被叫作"浮元子"，后被称为"元宵"，生意人还美其名曰"元宝"。元宵即"汤圆"，以白糖、玫瑰、芝麻、豆沙、黄桂、核桃仁、果仁、枣泥等为馅，用糯米粉包成圆形，可荤可素，风味各异。</p>
    <h3> 闹花灯 </h3>
        <p><span> 闹花灯 </span> 是元宵节传统节日习俗，始于西汉，兴盛于隋唐。隋唐以后，历代灯火之风盛行，并沿袭传于后世。而正月十五，又是一年一度的 <span> 闹花灯 </span> 放烟火的高潮，因此也把元宵节称为"灯节"。</p>
    <h3> 猜灯谜 </h3>
        <p><span> 猜灯谜 </span> 又称打灯谜，是中国独有的富有民族风格的一种传统民俗文娱活动形式，是从古代就开始流传的元宵节特色活动。每逢农历正月十五，民间都要挂起彩灯，燃放焰火，后来有好事者把谜语写在纸条上，贴在五光十色的彩灯上供人猜。</p>
</div>
<p> 版权所有 &copy; 2022</p>
```

（2）完成 <div> 标签样式的设置，代码如下：

```
#box{
    width: 800px;
    margin: 0 auto;
    border: solid 1px #CCCCCC;
    border-top:solid 3px #AA0000;    /* 上边框是粗细为 3px 的暗红色实线 */
```

```
    background-color: #F5F5F5;        /* 背景颜色 */
    padding: 10px;          /*#box 中的内容与四周边框的距离为 10px*/
}
```

（3）完成文章标题文字与正文文字样式的设置，代码如下：

```
h1{
    font-family: "微软雅黑","黑体";
    font-size: 30px;
    text-align: center;
    color: #333333;
}
h2{
    font-family: "微软雅黑";
    font-size: 20px;
    color: #333333;
    border-bottom: dashed 1px #CCCCCC;/* 下边框是粗细为 1px 的浅灰色虚线 */
    padding-bottom: 10px;/*<h2> 标签中的文字与下边框的距离为 10px*/
}
h3{
    font-family: "微软雅黑";
    font-size: 18px;
}
p{
    font-family: "仿宋";
    font-size: 18px;
    text-indent: 2em;
    line-height: 28px;
}
```

（4）完成蓝色文字、红色文字和版权信息文字样式的设置，代码如下：

```
.sp1{              /* 蓝色文字的样式 */
    color: #0099FF;
}
.sp2{              /* 红色文字的样式 */
    color: #DD0000;
    font-weight: bold;
}
.footer{
    text-align: center;
}
```

（5）将以上样式应用到网页结构的 <span> 标签和版权信息文字的 <p> 标

签中，代码如下：

```html
<body>
    <div id="box">
        <h1>元宵节的习俗</h1>
        <h2>引言</h2>
        <p>因为中国幅员辽阔，历史悠久，所以关于<span class="sp1">元宵节</span>的习俗在全国各地也不尽相同，其中吃元宵、赏花灯、舞龙、舞狮子等是元宵节几项重要民间习俗。<span class="sp1">元宵节</span>是中国的传统节日，在这一天全国各地人民都会庆祝，大部分地区的习俗是差不多的，但各地也会有自己的特点。</p>
        <h2>全国民俗</h2>
        <h3>吃元宵</h3>
        <p>正月十五<span class="sp2">吃元宵</span>，"元宵"作为食品，在我国也由来已久。宋代，民间即流行一种元宵节的新奇食品。这种食品，最早被叫作"浮元子"，后被称为"元宵"，生意人还美其名曰"元宝"。元宵即"汤圆"，以白糖、玫瑰、芝麻、豆沙、黄桂、核桃仁、果仁、枣泥等为馅，用糯米粉包成圆形，可荤可素，风味各异。</p>
        <h3>闹花灯</h3>
        <p><span class="sp2">闹花灯</span>是元宵节传统节日习俗，始于西汉，兴盛于隋唐。隋唐以后，历代灯火之风盛行，并沿袭传于后世。而正月十五，又是一年一度的<span class="sp2">闹花灯</span>放烟火的高潮，因此也把元宵节称为"灯节"。</p>
        <h3>猜灯谜</h3>
        <p><span class="sp2">猜灯谜</span>又称打灯谜，是中国独有的富有民族风格的一种传统民俗文娱活动形式，是从古代就开始流传的元宵节特色活动。每逢农历正月十五，民间都要挂起彩灯，燃放焰火，后来有好事者把谜语写在纸条上，贴在五光十色的彩灯上供人猜。</p>
    </div>
    <p class="footer">版权所有 &copy; 2022</p>
</body>
```

（6）保存文件。

知识链接

1. `<div>`标签的大小属性

1）width 属性

width 属性的默认值为 auto，可以使用 px 定义宽度，也可以使用 % 定义基于包含父元素宽度的百分比宽度。width 属性对块级元素，如 `<div>`、`<p>`、

<hi> 等标签有效，在不设置宽度时默认值为 100%，即与父元素的宽度一样。其对行内元素，如 <span> 等标签无效。

2）height 属性

使用 height 属性设置块级元素高度的方法与使用 width 属性设置块级元素的方法相同。对于 <div>、<p>、<hi> 标签可以不设置固定高度，而根据标签中的内容自动设置。height 属性对行内元素，如 <span> 等标签无效。

2. <div> 标签的边框属性

1）border-width 属性

border-width 属性用于设置一个元素 4 个边框的粗细。为边框指定粗细有两种方法。其一，可以指定长度值，如 2px 或 0.1em（单位为 px、pt、cm、em 等），或使用关键字 thick、medium（默认值）和 thin 中的任意一个，CSS 没有定义 3 个关键字的具体粗细，其中 thin 表示最细，thick 表示最粗，medium 表示的粗细在 thin 与 thick 之间。此属性的值可以有 1～4 个。

```
border-width:thin;
```

以上代码定义的效果是元素的 4 个边框都是细边框。

```
border-width:thin medium;
```

以上代码定义的效果是元素的上边框和下边框是细边框，左边框和右边框是中等粗细的边框。

```
border-width:thin medium thick;
```

以上代码定义的效果是元素的上边框是细边框，左边框和右边框是中等粗细的边框，下边框是粗边框。

```
border-width:thin medium thick 10px;
```

以上代码定义的效果是元素的上边框是细边框，右边框是中等粗细的边框，下边框是粗边框，左边框是粗细为 10px 的边框。

2）border-style 属性

border-style 属性用于设置一个元素 4 个边框的样式。表 4-2-1 所示为 border-style 属性的值及说明。

表 4-2-1　border-style 属性的值及说明

border-style 属性的值	说明
none	默认为无边框
dotted	用于定义点画线边框
dashed	用于定义虚线边框
solid	用于定义实线边框
double	用于定义两个边框。两个边框的粗细和 border-width 属性的值相同
groove	用于定义 3D 沟槽边框。其效果取决于边框的颜色值
ridge	用于定义 3D 脊边框。其效果取决于边框的颜色值
inset	用于定义 3D 嵌入边框。其效果取决于边框的颜色值
outset	用于定义 3D 突出边框。其效果取决于边框的颜色值

border-style 属性的值可以有 1～4 个。

```
border-style:dotted;
```

以上代码定义的效果是元素的 4 个边框都是点画线边框。

```
border-style:dotted solid;
```

以上代码定义的效果是元素的上边框和下边框是点画线边框，左边框和右边框是实线边框。

```
border-style:dotted solid double;
```

以上代码定义的效果是元素的上边框是点画线边框，左边框和右边框是实线边框，下边框是双线边框。

```
border-style:dotted solid double dashed;
```

以上代码定义的效果是元素的上边框是点画线边框，右边框是实线边框，下边框是双线边框，左边框是虚线边框。

3）border-color 属性

border-color 属性用于设置一个元素的 4 个边框的颜色。此属性的值可以有 1～4 个。

```
border-color: red;
```

以上代码定义的效果是元素的 4 个边框都是红色的。

```
border-color: red  green ;
```

以上代码定义的效果是元素的上边框和下边框是红色的，左边框和右边框是绿色的。

```
border-color: red green blue ;
```

以上代码定义的效果是元素的上边框是红色的，左边框和右边框是绿色的，下边框是蓝色的。

```
border-color: red green blue pink ;
```

以上代码定义的效果是元素的上边框是红色的，右边框是绿色的，下边框是蓝色的，左边框是粉红色的。

4）border 属性

border 属性是一个复合属性，定义的效果包括 border-top、border-bottom、border-left、border-right 属性设置的效果。在使用 border 属性时，应在一个声明中设置边框的 border-width、border-style 和 border-color 属性。使用 border-top、border-bottom、border-left、border-right 属性的方法同使用 border 属性的方法相同。例如，在使用 border-top 属性时，应在一个声明中设置边框的 border-top-width、border-top-style 和 border-top-color 属性。

```
border:5px solid red;
```

以上代码定义的效果是元素的 4 个边框为粗细是 5px 的红色实线边框。

```
border-bottom:1px dotted #CCCCCC;
```

以上代码定义的效果是元素的下边框为粗细是 1px 的浅灰色点画线边框。

3. <div> 标签的颜色属性

1）color 属性

color 属性用于定义元素中的文字颜色。

2）background 属性

background 属性用于定义元素中的背景颜色，是一个复合属性，包括以下 4 个属性。

background-color 属性：用于设置一个元素的背景颜色，颜色值的使用与 color 属性相同。

background-image 属性：用于设置一个元素的背景图像。在默认情况下，背景图像放在元素的左上角，并向垂直和水平方向重复。

background-position 属性：用于设置背景图像的起始位置。如果不设置该属性，那么背景图像将总是放在元素的左上角。

background-repeat 属性：用于设置如何平铺对象的 background-image 属性。background-repeat 属性的值及说明如表 4-2-2 所示。

表 4-2-2　background-repeat 属性的值及说明

background-repeat 属性的值	说明
repeat	默认值，如果背景图像的尺寸小于 <div> 标签的尺寸，那么背景图像会重复，即 <div> 标签将出现多个背景图像
repeat-x	只有水平方向会重复背景图像
repeat-y	只有垂直方向会重复背景图像
no-repeat	背景图像不会重复
inherit	指定 background-repeat 属性的设置从父元素中继承

4．<div> 标签的外边距和内边距属性

1）margin 属性

margin 属性用于定义元素周围的边距，也叫外边距，即元素边框与其周围其他对象的距离。使用 margin 属性可以单独改变元素的上、下、左、右外边距，也可以一次改变所有外边距。例如，使用单外边距属性分别为不同的面指定不同的边距，代码如下：

```
margin-top:100px;          /* 上外边距为 100px */
margin-bottom:100px;       /* 下外边距为 100px */
margin-right:50px;         /* 右外边距为 50px */
margin-left:50px;          /* 左外边距为 50px */
```

为了缩短代码，可以使用 margin 属性指定所有外边距的属性。margin 属性的值可以有 1～4 个。

```
margin:20px;
```

以上代码定义的效果是 4 个外边距都是 20px。

```
margin:10px 20px;
```

以上代码定义的效果是上、下外边距为 10px，左、右外边距为 20px。

```
margin:20px 50px 40px;
```

以上代码定义的效果是上外边距为 20px，左、右外边距为 50px，下外边距为 40px。

```
margin:20px 50px 40px 100px;
```

以上代码定义的效果是上外边距为 20px，右外边距为 50px，下外边距为 40px，左外边距为 100px。

2）padding 属性

padding 属性用于定义元素边框与元素内容之间的空间，即上、下、左、右内边距。它的使用方法与 margin 属性的使用方法类似。padding 属性可以单独改变元素的上、下、左、右内边距，也可一次改变所有内边距。例如，使用单内边距属性分别为不同的面指定不同的边距，代码如下：

```
padding-top:20px;           /*上内边距为 20px*/
padding-bottom:20px;        /*下内边距为 20px*/
padding-right:40px;         /*右内边距为 40px*/
padding-left:40px;          /*左内边距为 40px*/
```

为了缩短代码，可以使用 padding 属性指定所有内边距的属性。padding 属性的值可以有 1～4 个。

```
padding:20px;
```

以上代码定义的效果是 4 个内边距都是 20px。

```
padding:20px 40px;
```

以上代码定义的效果是上、下内边距为 20px，左、右内边距为 40px。

```
padding:20px 50px 30px;
```

以上代码定义的效果是上内边距为 20px，左、右内边距为 50px，下内边距为 30px。

```
padding:20px 40px 60px 80px;
```

以上代码定义的效果是上内边距为 20px，右内边距为 40px，下内边距为 60px，左内边距为 80px。

学习任务三　外部链接样式

任务描述

制作"生活记录"网页，网页浏览效果如图 4-3-1 所示（网页文件名：

web04-3.html，外部样式文件名：sty04-3.css）。

具体要求如下。

- 使用外部链接样式完成网页制作。
- 网页中所有文字的字体均为微软雅黑。
- 网页中所有文字的背景颜色均为蓝色，线条颜色均为蓝色（颜色值为 #0099FF）。
- 栏目标题文字"生活记录"的大小为 36px，文字下方有一条粗细为 3px 的蓝色实线。为栏目标题文字中的"记录"的背景的左上角和右下角添加圆角效果，圆角半径为 20px。
- 3 篇文章的蓝色背景的宽度均为 600px，文章标题文字的大小均为 24px，标题文字下方均有一条粗细为 1px 的白色点画线。
- 文章正文文字的大小为 18px，两倍行距，首行缩进两个字符。
- 设置适当的外边距和内边距。

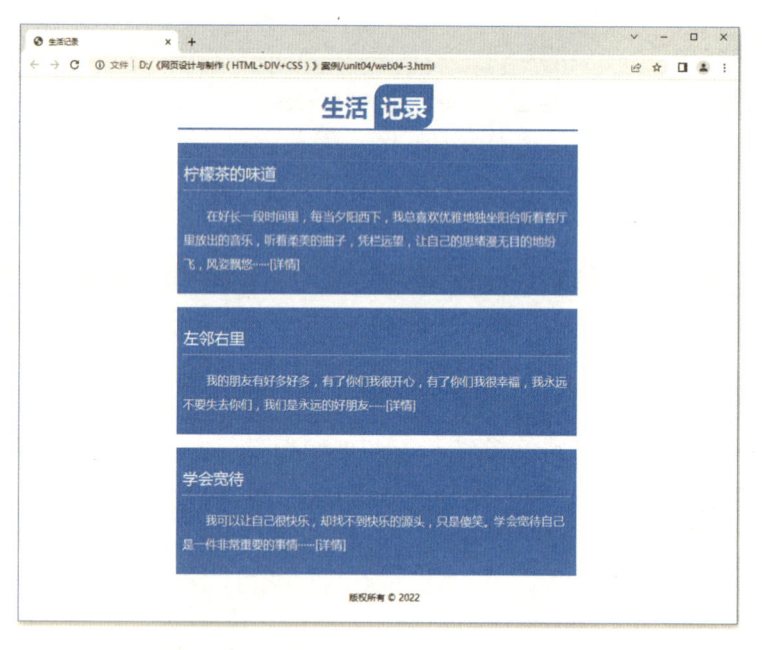

图 4-3-1 "生活记录"网页浏览效果

任务实施

1. 新建网页文件

在 unit04 文件夹中新建网页文件 web04-3.html，新建外部样式文件 sty04-3.css。

2. 分析网页结构

网页中的内容分为两大部分，一部分是栏目标题，另一部分是 3 篇文章。栏目标题只包含一行内容，文字较大并且加粗，可以使用 <h1> 标签进行设置，其中文字"记录"有背景颜色，可以使用 <span> 标签进行设置。

3 篇文章的效果是一样的，可以考虑使用 3 对 <div> 标签并使用类选择器的 CSS 样式设置。

3. 修改网页结构和样式

（1）打开新建的网页文件 web04-3.html，修改网页结构。由于 3 对 <div> 标签使用类选择器的 CSS 样式，因此 <div> 标签使用 class 属性应用样式 .box。由于使用外部样式文件 sty04-3.css 进行网页样式的设置，因此使用 <link> 标签将外部样式文件 sty04-3.css 链接起来。其代码如下：

```html
<head>
    <meta charset="UTF-8">
    <title>生活记录</title>
    <link rel="stylesheet" type="text/css" href="sty04-3.css"/>
</head>

<body>
    <h1>生活 <span> 记录 </span></h1>
    <div class="box">
        <h2> 柠檬茶的味道 </h2>
        <p> 在好长一段时间里，每当夕阳西下，我总喜欢优雅地独坐阳台听着客厅里放出的音乐，听着柔美的曲子，凭杆远望，让自己的思绪漫无目的地纷飞，风姿飘悠……[ 详情 ]</p>
    </div>
    <div class="box">
        <h2> 左邻右里 </h2>
        <p> 我的朋友有好多好多，有了你们我很开心，有了你们我很幸福，我永远不要失去你们，我们是永远的好朋友……[ 详情 ]</p>
    </div>
    <div class="box">
        <h2> 学会宽待 </h2>
        <p> 我可以让自己很快乐，却找不到快乐的源头，只是傻笑。学会宽待自己是一件非常重要的事情……[ 详情 ]</p>
    </div>
```

```html
    <p class="footer">版权所有 &copy; 2022</p>
</body>
```

（2）打开新建的外部样式文件 sty04-3.css，完成所有文字字体的设置，代码如下：

```css
body{
    font-family: "微软雅黑";
}
```

（3）在外部样式文件 sty04-3.css 中，完成 3 个蓝色背景块样式的设置，代码如下：

```css
.box{                        /*3 个蓝色背景块的样式 */
    width: 600px;
    margin: 0 auto;
    background-color: #0099FF;
    color: white;
    padding: 10px;
    margin-bottom: 20px;
}
```

（4）在外部样式文件 sty04-3.css 中，完成栏目标题"生活记录"样式的设置，代码如下：

```css
h1{                          /* 栏目标题"生活记录"的样式 */
    width: 600px;
    margin: 0 auto;
    background-color: white;
    color: #0099FF;
    padding: 10px;
    text-align: center;
    font-size: 36px;
    border-bottom: solid 3px #0099FF;
    margin-bottom: 20px;
}
span{                        /* 栏目标题中的文字"记录"的样式 */
    background-color: #0099FF;
    color: white;
    padding: 10px;
    margin-left: 10px;    /* 与左侧文字"生活"的距离为 10px*/
    border-radius: 20px 0px;    /* 设置左上角圆角和右下角圆角的半径均为 20px，右上角圆角和左下角圆角的半径均为 0px*/
}
```

（5）在外部样式文件 sty04-3.css 中，完成 3 篇文章标题文字和正文文字样式的设置，代码如下：

```css
h2{                     /*3 篇文章标题文字的样式 */
    font-size: 24px;
    font-weight: normal;
    border-bottom: dotted 1px white;
    padding-bottom: 10px;
}
p{                      /*3 篇文章正文文字的样式 */
    font-size: 18px;
    line-height: 2em;
    text-indent: 2em;
}
```

（6）在外部样式文件 sty04-3.css 中，完成版权信息文字样式的设置，代码如下：

```css
.footer{                /* 版权信息文字的样式 */
    font-size: 14px;
    line-height: 2em;
    text-align: center;
}
```

（7）保存网页文件 web04-3.html 和外部样式文件 sty04-3.css。

知识链接

1. 外部链接样式

在第三单元中介绍过链接样式，是将所有样式放在一个或多个以 .css 为扩展名的外部样式表文件中，通过 <link> 标签将外部样式表文件链接至 HTML 文件。其基本语法如下：

```html
<head>
    <link href="css 文件的路径" type="text/css" rel="stylesheet" />
</head>
```

一个样式表文件可以应用于多个网页。当改变这个样式表文件时，所有应用该样式的网页都将随之改变。在制作大量相同样式网页的网站时，外部链接样式非常有用。使用它不仅可以减少重复的工作量，而且有利于以后的修改、编辑，在浏览时也将减少重复下载代码的次数。

2. 元素的圆角样式

在第五单元中将详细介绍圆角图像的 border-radius 属性。除了图像，其他元素，如 \<div\>、\<hi\>、\<span\> 等标签都可以设置圆角。元素 4 个角的次序按照顺时针方向依次为，左上角为第 1 个，右上角为第 2 个，右下角为第 3 个，左下角为第 4 个，如图 4-3-2 所示。

border-radius 属性用于设置元素 4 个角的圆角效果，可以有 1~4 个值。例如，若 border-radius 属性的值只有一个，则定义元素 4 个角的圆角半径都是 10px，代码如下：

图 4-3-2 元素 4 个角的次序

```
border-radius:10px;
```

以下代码中的 border-radius 属性的值有两个，定义的效果是第 1 个角和第 3 个角的圆角半径为 10px，即左上角和右下角有圆角效果；第 2 个角和第 4 个角的圆角半径为 0px，即右上角和左下角没有圆角效果。

```
border-radius:10px 0px;
```

以下代码中的 border-radius 属性的值有 3 个，定义的效果是第 1 个角的圆角半径是 10px，即左上角；第 2 个角和第 4 个角的圆角半径为 20px，即右上角和左下角；第 3 个角的圆角半径为 30px，即右下角。

```
border-radius:10px 20px 30px;
```

以下代码中的 border-radius 属性的值有 4 个，定义的效果是第 1 个角的圆角半径为 0px，即左上角；第 2 个角的圆角半径为 10px，即右上角；第 3 个角的圆角半径为 20px，即右下角；第 4 个圆角的半径为 30px，即左下角。

```
border-radius:0px 10px 20px 30px;
```

单元小结

通过对本单元的学习，学生进一步熟悉了文本标签的应用、选择器的类型，以及网页文字样式的定义与应用。本单元引入 \<div\> 标签，学生通过学习初步了解了 \<div\> 标签在网页排版中的应用。此外，本单元将难以理解的盒子模型概念运用到案例中，加深了学生对盒子模型的理解。

实践任务

（1）制作"新闻"网页，设置文字和 <div> 标签的样式，网页浏览效果如图 4-4-1 所示（文件名：ex04-1.html）。

具体要求如下。

- 所有文字的字体均为微软雅黑。
- 4 篇文章标题文字的大小均为 20px，颜色均为浅海蓝色，居中。
- 4 篇文章正文文字的大小均为 14px，颜色均为深灰色（颜色值为 #333333），首行缩进两个字符，行距为 28px。
- "[详细]"的颜色为橙色。
- 线框的宽度为 800px，上边框的粗细为 3px，左、右、下边框的粗细均为 1px，颜色为浅海蓝色。每段文字之间的线条是粗细为 1px 的点画线，颜色值为 #CCCCCC。
- 线框与文字之间调整到适当的距离。
- 版权信息文字的大小为 14px，居中。

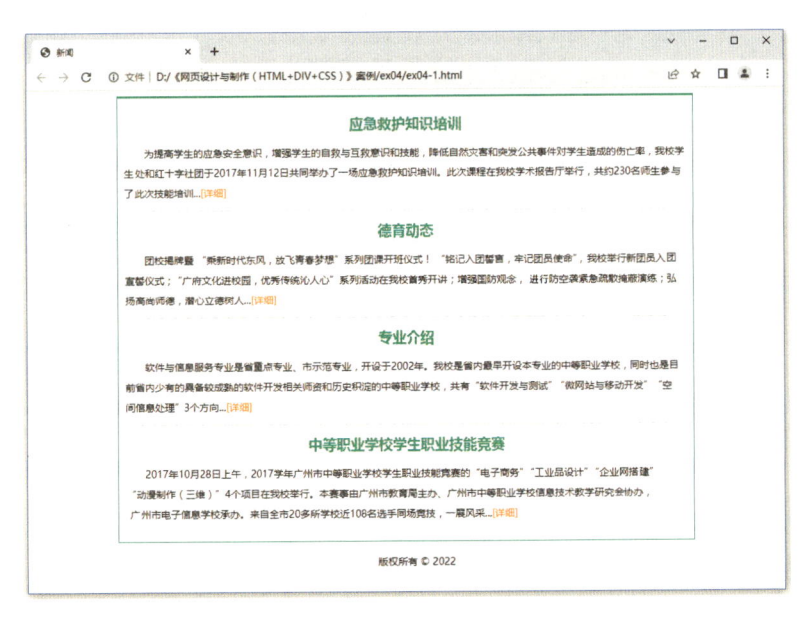

图 4-4-1 "新闻"网页浏览效果

（2）制作"学校新闻"网页，网页浏览效果如图 4-4-2 所示（文件名：ex04-2.html）。

具体要求如下。

- 网页中白色背景部分的宽度为 500px，背景颜色值为 #F5F5F5，所有文字的字体均为微软雅黑。
- 栏目标题文字"学校新闻"的大小为 20px，背景颜色为蓝色（颜色值为 #0080C0），文字颜色为白色。
- 3 篇文章标题文字的大小均为 16px，颜色均为深灰色（颜色值均为 #333333），居中。
- 3 篇文章正文文字的大小均为 14px，行距为 30px，首行缩进两个字符，文字下方有粗细为 1px 的虚线或点画线。
- 版权信息文字的大小为 14px。

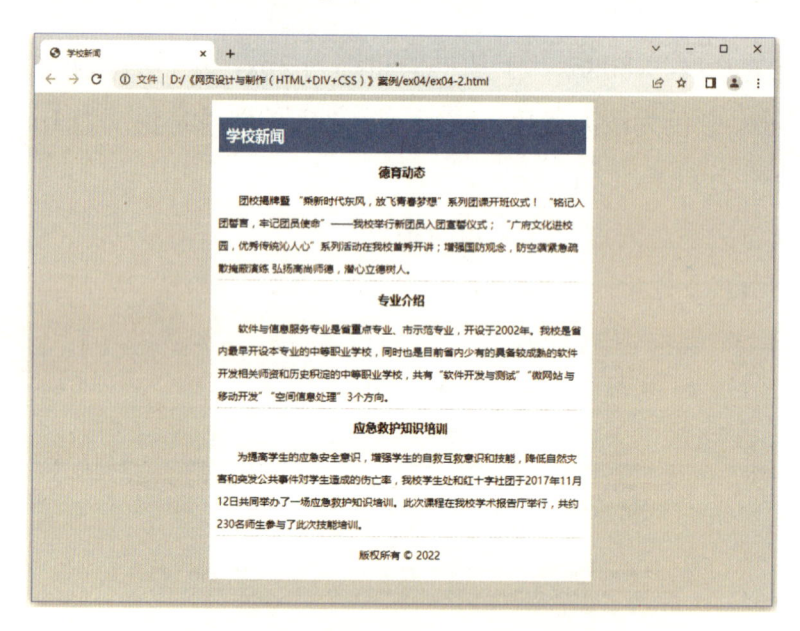

图 4-4-2 "学校新闻"网页浏览效果

（3）制作"学校简介"网页，网页浏览效果如图 4-4-3 所示（网页文件名：ex04-3.html，外部样式文件名：sty04-3.css）。

具体要求如下。

- 使用外部链接样式完成网页效果的设计。
- <div> 标签的宽度为 350px，浏览时居中。

- 网页中所有文字的字体均为微软雅黑。
- 栏目标题文字"学校简介"的大小为20px，加粗。文字上面的线条粗细为3px，颜色分别为红色（颜色值为#990000）、灰色（颜色值为#CCCCCC）。
- 3篇文章标题文字的大小均为16px，加粗。
- 3篇文章正文文字的大小均为14px，其中"[更多]"的颜色值为#990000。
- 版权信息文字的大小为14px，居中。

图 4-4-3 "学校简介"网页浏览效果

（4）制作"学校德育动态"网页，网页浏览效果如图4-4-4所示（网页文件名：ex04-4.html，外部样式文件名：sty04-3.css）。

具体要求如下。

- 使用上面的外部样式文件进行制作。

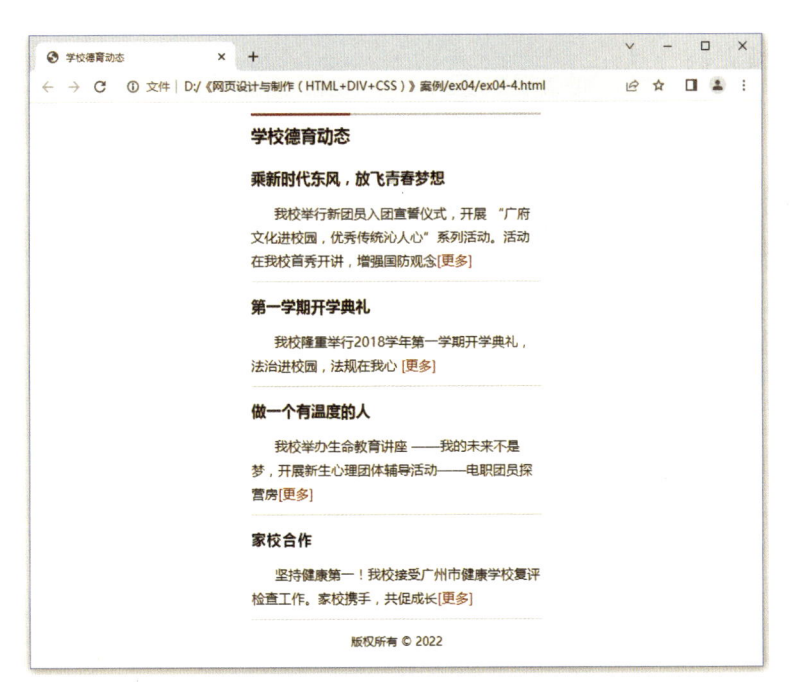

图 4-4-4 "学校德育动态"网页浏览效果

第五单元 网页图像

单元学习目标

- 掌握 <img> 标签。
- 掌握网页中常用的图像样式。
- 掌握 CSS 样式中的图像背景属性与背景图像的设置。
- 应用 CSS 样式实现图文混排。

单元学习内容

网页中除了有大量的文字，还有不少图像，图像是网页组成中非常重要的元素，我们要知道如何在网页中显示图像，知道图像的标签。

本单元将介绍在网页中插入图像、设置背景图像的方法，以及运用 CSS 样式设置图像样式的效果。

学习任务一 <img> 标签

任务描述

制作"电子信息技术学校：专业介绍"网页，网页浏览效果如图 5-1-1 所示（文件名：web05-1.html）。

具体要求如下。

- 栏目标题文字的格式为"标题 2"。
- 插入 3 个专业介绍图像，宽度均为 300px，高度均为 128px，插入图像的替代文本为相应的专业名称。

图 5-1-1 "电子信息技术学校：专业介绍"网页浏览效果

任务实施

1. 定义站点和新建网页文件

在本地硬盘中创建 unit05 文件夹，将该文件夹作为站点，在该文件夹中新建文件夹 img，将所需的图像素材文件复制至 img 文件夹中，在该文件夹中新建网页文件 web05-1.html。

2. 修改网页结构和样式

（1）打开新建的网页文件 web05-1.html，修改网页结构，代码如下：

```
<body>
    <div id="box">
      <h2>电子信息技术学校：专业介绍 </h2>
    </div>
</body>
```

（2）在 <h2> 标签后添加 <img> 标签，代码如下：

```
<div id="box">
    <h2>电子信息技术学校：专业介绍 </h2>
      <img src="img/pic05-1-1.jpg" alt=" 数字影像技术专业 " width="300" height="128"/>
      <img src="img/pic05-1-2.jpg" alt=" 计算机网络技术专业 " width="300" height="128" />
      <img src="img/pic05-1-3.jpg" alt=" 网站建设与维护专业 " width="300" height="128"/>
</div>
```

（3）保存文件。

知识链接

1. 图像格式

在网页中，常见的图像格式有 3 种，即 JPG 格式、GIF 格式和 PNG 格式。

1）JPG 格式

JPG 格式是一种有损压缩的图像格式，色彩比较丰富。网页中的照片、横幅广告、商品图像、较大的插图等一般均为 JPG 格式。

2）GIF 格式

GIF 格式是一种无损的图像格式，支持透明和动画，但 GIF 格式只能处理 256 种颜色。因此，在网页制作中，GIF 格式常用于 Logo、小图标及色彩相对单一的图像。

3）PNG 格式

相对于 GIF 格式，PNG 格式的优势是体积小，支持 Alpha 透明（全透明、半透明、全不透明），并且颜色过渡平滑，但 PNG 格式不支持动画。PNG 格式常用于网页基本元素，如图标、按钮、精灵图像、背景图像等中。

2. \<img\> 标签

\<img\> 标签用于定义 HTML 页面中的图像。\<img\> 标签的基本语法如下：

```
<img src="url" alt="text" />
```

\<img\> 标签有两个必需的属性，即 src 属性和 alt 属性。src 属性规定显示图像的 URL，URL 指存储图像的位置。alt 属于规定图像的替代文本。\<img\> 标签没有闭合标签。

1）src 属性

src 属性后面可以是来自本地文件夹的图像，如 \<img src="img/img5-1.jpg" />，也可以是来自网络中的图像，如 \<img src="http:/ mp.weixin.qq.com /i/img.gif">

在使用 src 属性设置本地文件夹中的图像时，一般使用相对路径。

2）alt 属性

alt 属性的值是用户定义的。其代码如下：

```
<img src="pic05-1-1.jpg" alt=" 数字影像技术专业 " width="300" height="128"/>
```

在浏览器无法载入图像时，浏览器将在图像位置显示 alt 属性中设置的替代文本。图像无法正常显示的效果如图 5-1-2 所示。

为网页上的图像都加上替代文本属性是一个良好的习惯，有助于更好地显示信息。对于有些浏览器来说，当光标悬停到图像上时，也会显示使用 alt 属性设置的替代文本。

图 5-1-2　图像无法正常显示的效果

此外，通过改变 <img> 标签的 height 和 width 属性的值，可以调整图像的尺寸，对图像的显示效果进行放大或缩小。其代码如下：

```
<img src="img/pic05-1-1.jpg" alt=" 数字影像技术专业 " width="200" height="85"/>
<img src="img/pic05-1-2.jpg" alt=" 计算机网络技术专业 " width="300" height="128" />
<img src="img/pic05-1-3.jpg" alt=" 网站建设与维护专业 " width="450" height="192"/>
```

图像放大和缩小的效果如图 5-1-3 所示。

图 5-1-3　图像放大和缩小的效果

学习任务二　图像样式

任务描述

制作"校园风景"网页，网页浏览效果如图 5-2-1 所示（文件名：web05-2.html）。具体要求如下。

- 文字样式：栏目标题文字的格式为"标题 3"，文字和边框的颜色值均为 #1B8637，边框的粗细为 5px；
- <div> 标签样式：包含 9 个图像的 <div> 标签，宽度为 676px，背景颜色值为 #EEEEEE，填充为 10px；

- 图像样式：图像的背景颜色为白色，图像有粗细为 1px 的实线边框，实线边框的颜色为浅灰色（颜色值为 #CCCCCC）。图像的内边距和外边距均为 5px。

图 5-2-1 "校园风景"网页浏览效果

任务实施

1. 定义站点和新建网页文件

在本地硬盘中创建 unit05 文件夹，将该文件夹作为站点，在该文件夹中新建网页文件 web05-2.html。

2. 修改网页结构和样式

（1）打开新建的网页文件 web05-2.html，修改网页结构，代码如下：

```
<body>
    <h3>校园风景</h3>
    <div id="box">
        <div id="box">
            <img src="img/pic05-2-1.jpg" />
            <img src="img/pic05-2-2.jpg" />
            <img src="img/pic05-2-3.jpg" />
            <img src="img/pic05-2-4.jpg" />
            <img src="img/pic05-2-5.jpg" />
            <img src="img/pic05-2-6.jpg" />
```

```
            <img src="img/pic05-2-7.jpg" />
            <img src="img/pic05-2-8.jpg" />
            <img src="img/pic05-2-9.jpg" />
        </div>
    </div>
</body>
```

（2）分别设置栏目标题文字的样式、9个图像的 <div> 标签样式、9个图像的样式，代码如下：

```
h3{
    width: 230px;
    height: 30px;
    padding: 5px;
    border: 1px solid #1B8637;
    color: #1B8637;
    text-align: center;
    line-height: 30px;
    border-radius: 10px;
}
```

```
#box{
    width: 676px;
    padding: 10px;
    background-color:#EEEEEE;
}
```

```
#box img{
    width:200px;
    padding: 5px;
    border: 1px #CCCCCC solid;
    margin: 5px;
    background-color: #FFFFFF;
}
```

（3）保存文件。

知识链接

1. 常用的图像样式

网页中的图像通常需要设置的样式有宽度、高度。除此之外，根据需要，还常常会设置边框、边界、填充等样式。

width：宽度

height：高度

border：边框

margin：边界（图像与外界对象之间的距离）

padding：填充（图像边框与图像之间的距离）

2．设置图像的大小

使用 CSS 设置图像的宽度和高度的代码如下：

```
img{width: 数值 ；  height: 数值 ;}
```

其中，width 和 height 属性的值既可以是绝对数值，如 200px，又可以是相对数值，如 50%。当设置 width 属性的值为 50% 时，图像的宽度将调整为父元素的一半。

如果只设置了图像的 width 属性而没有设置图像的 height 属性，那么图像的大小会根据纵横比例进行缩放；如果只设置了图像的 height 属性而没有设置图像的 width 属性，那么效果也是一样的。在设置图像的大小时，如果同时设置了 height 和 width 属性，那么图像将进行不等比缩放。

学习任务三　图像样式效果

任务描述

制作网页，网页浏览效果如图 5-3-1 所示（文件名：web05-3.html）。

具体要求如下。

- 在网页中插入图像，图像的大小为 200px×120px，图像之间的间距为 10px。
- 第 1 个图像的边框为实线边框，边框的粗细为 5px，边框颜色值为 #0099FF。
- 第 2 个图像的边框为 3D 凹槽边框，边框的粗细为 8px、边框颜色值为 #0099FF。
- 第 3 个图像的上边框和下边框都是实线，边框的粗细为 5px；右边框是点画线边框，边框的粗细为 2px；左边框是虚线边框，边框的粗细为

2px，内边距为 10px，边框颜色值为 #0099FF。
- 第 4 个图像的边框是实线边框，上、下边框的粗细均为 1px，左、右边框的粗细均为 5px，上边距和下边距均为 10px，边框颜色值为 #0099FF。
- 第 5 个图像的不透明度为 0.5。
- 为第 6 个图像添加阴影效果。阴影颜色为灰色（颜色值为 #666666），水平向右移动 5px，垂直向下移动 5px，模糊距离为 10px。
- 为第 7 个图像添加圆角效果，圆角半径为 20px。
- 第 8 个图像的形状为圆形。

图 5-3-1　网页浏览效果

任务实施

1. 定义站点和新建网页文件

在本地硬盘中创建 unit05 文件夹，将该文件夹作为站点，在该文件夹中新建网页文件 web05-3.html。

2. 修改网页结构和样式

（1）打开新建的网页文件 web05-3.html，修改网页结构，使用类选择器定义 8 个图像的样式，代码如下：

```html
<body>
    <img src="img/pic05-3-1.jpg" class="img1"/>
    <img src="img/pic05-3-2.jpg" class="img2"/>
    <img src="img/pic05-3-3.jpg" class="img3"/>
    <img src="img/pic05-3-4.jpg" class="img4"/><br />
    <img src="img/pic05-3-1.jpg" class="img5"/>
    <img src="img/pic05-3-1.jpg" class="img6"/>
    <img src="img/pic05-3-1.jpg" class="img7"/>
    <img src="img/pic05-3-1.jpg" class="img8"/>
</body>
```

（2）设置网页中的所有元素居中，并设置图像的总体样式，如大小、外边距等，代码如下：

```css
body{
    text-align: center;
}
img{
    width: 200px;
    height: 120px;
    margin: 10px;
}
```

（3）设置第 1 个图像边框的样式，代码如下：

```css
.img1{
    border: solid 5px #0099FF;
}
```

（4）设置第 2 个图像边框的样式，代码如下：

```css
.img2{
    border: groove 8px #0099FF;
}
```

（5）设置第 3 个图像边框的样式，代码如下：

```css
.img3{
    border-top:solid 5px #0099FF;
    border-bottom:solid 5px #0099FF;
    border-left: dashed 2px #0099FF;
    border-right: dotted 2px #0099FF;
    padding: 10px;
}
```

（6）设置第 4 个图像边框的样式，代码如下：

```css
.img4{
    border-top:solid 1px #0099FF;
    border-bottom:solid 1px #0099FF;
    border-left: solid 5px #0099FF;
    border-right:solid 5px #0099FF;
    padding-top: 10px;
    padding-bottom: 10px;
}
```

（7）设置第 5 个图像的不透明度，代码如下：

```
.img5{
    opacity: 0.5;
}
```

（8）为第 6 个图像添加阴影效果，代码如下：

```
.img6{
    box-shadow: 5px 5px 10px #666666 ;
}
```

（9）为第 7 个图像添加圆角效果，代码如下：

```
.img7{
      border-radius: 20px;
    }
```

（10）设置第 8 个图像的形状为圆形，代码如下：

```
.img8{
    width: 120px;
    height: 120px;
    border-radius:60px;
}
```

知识链接

1. opacity 属性

opacity 属性用于指定元素的不透明度。其基本语法如下：

```
opacity: value;
```

value：规定不透明度，取值范围为 0.0 ～ 1.0。取值越低，越透明，如图 5-3-2 所示。

在使用 opacity 属性设置不透明度时，其所有子元素都继承相同的不透明度。在使用时，内容（及所有后代）、背景的不透明度效果相同，如图 5-3-3 所示。

opacity = 0.2　　　　　opacity = 0.5　　　　　opacity = 1

图 5-3-2　不透明度不同取值的效果 1

opacity = 0.5　　　　　　opacity = 1

图 5-3-3　不透明度不同取值的效果 2

2. box-shadow 属性

box-shadow 属性用于为元素添加阴影效果。其基本语法如下：

```
h-shadow v-shadow blur spread color inset;
```

h-shadow：必需，水平阴影的位置，允许为负数。

v-shadow：必需，垂直阴影的位置，允许为负数。

blur：可选，模糊距离。

spread：可选，阴影的尺寸。

color：可选，阴影的颜色。

inset：可选，将外部阴影改为内部阴影。

在使用 box-shadow 属性时，必须设置 h-shadow 和 v-shadow 两个属性值，在只有这两个属性值时，阴影颜色默认为黑色。如果这两个属性值为负数，那么会在相反的方向出现阴影。

当这两个属性值为正数时，如 img{box-shadow:10px 10px}，阴影效果如图 5-3-4 所示。当这两个属性值为负数时，如 img{box-shadow:-10px,-10px}，阴影效果如图 5-3-5 所示。

图 5-3-4　阴影效果 1 　　　　　　图 5-3-5　阴影效果 2

如果想要为全部边缘添加阴影效果，那么可以直接设置 h-shadow 和 v-shadow 两个属性值为 0，但需同时设置 blur 和 spread 两个属性值，如 img{box-shadow:0px 0px 10px 5px ;}，阴影效果如图 5-3-6 所示。

属性值 blur 用于设置模糊距离，不能为负数。当其为 0 时无模糊效果，属性值越大阴影边缘越模糊，如 img{box-shadow:-10px-10px 20px;}，阴影效果如图 5-3-7 所示。

图 5-3-6　阴影效果 3 　　　　　　　图 5-3-7　阴影效果 4

属性值 spread 用于表示阴影的大小，向周围扩展的尺寸。当其为正数时，阴影扩大；当其为负数时，阴影缩小。属性值 spread 必须和属性值 blur 配合使用，如 img{ box-shadow:-2px -2px 10px 5px #999;}，阴影效果如图 5-3-8 所示。

属性值 inset 用于表示阴影向内。注意，内部阴影对图像是无效的，属性值 inset 应写在属性的第一个或最后一个位置，写在其他位置是无效的，如 div{box-shadow:-10px -10px 20px 20px blue inset;}。图 5-3-9 所示为设置内部阴影的效果。一个元素可以应用多个阴影效果，由逗号分隔阴影列表，如 div{box-shadow:10px 10px 10px red,-10px -10px 10px green;}。图 5-3-10 所示为设置多个阴影的效果。

图 5-3-8　阴影效果 5

图 5-3-9　设置内部阴影的效果 　　　　图 5-3-10　设置多个阴影的效果

3. border 属性

border 属性用于定义图像边框的样式。其基本语法如下：

```
border: 宽度 样式 颜色；
```

例如：

```
border: 2px solid #CCCCCC;
```

此外，还可以使用 CSS 中的 border-style、border-color、border-width 属性来设置边框。border-style 属性用于设置边框的样式；border-color 属性用于设置边框的颜色；border-width 属性用于设置边框的粗细。

其基本语法如下：

```
border-style: 参数；
border-color: 参数；
border-width: 参数；
```

在设置 border-style、border-color、border-width 属性时，必须先设置 border-style 属性，否则 border-color 和 border-width 属性的效果将不会显示。边框的样式用得比较多的属性值有 solid（实线）、dotted（点画线）、dashed（虚线）。

此外，还可以分别设置 4 个边框的样式，即分别设置 border-left、border-right、border-top、border-bottom 属性。

4. border-radius 属性

border-radius 属性用于设置元素的外边框圆角。其基本语法如下：

```
border-radius: 1-4 length|% / 1-4 length|%
```

length：定义圆角的形状。

%：以百分比的形式定义圆角的形状。

border-radius 属性的值可以有 1～4 个，4 个值的顺序依次是：左上角、右上角、右下角、左下角。例如：

```
<body>
    <div id="box">        </div>
</body>
```

设置 #box 的大小和边框的样式，代码如下：

```
#box{
    height: 100px;
    width: 200px;
    border: 1px solid #1b8637;
    border-radius: 10px;
}
```

设置 border-radius 属性的值与对应的圆角效果如表 5-3-1 所示。

表 5-3-1　设置 border-radius 属性的值与对应的圆角效果

设置 border-radius 属性的值	圆角效果
border-radius: 10px; 仅设置 1 个值，表示元素的 4 个角设置统一的圆角弧度，等价于 border-radius : 10px 10px 10px 10px;	
border-radius: 0px 50px; 设置 2 个值，表示左上角和右下角使用第 1 个值，右上角和左下角使用第 2 个值	
border-radius: 0px 50px 30px; 设置 3 个值，表示左上角使用第 1 个值，右上角和左下角使用第 2 个值，右下角使用第 3 个值	
border-radius: 0px 10px 30px 60px; 设置 4 个值，依次对应左上角、右上角、右下角、左下角	

border-radius 属性是 border-top-left-radius、border-top-right-radius、border-bottom-right-radius、border-bottom-left-radius 四个属性的简写。

例如：

```
border-radius: 0px 10px 30px 60px;
```

等价于以下代码：

```
border-top-left-radius:0px;            /* 设置左上角 */
border-top-right-radius: 10px;         /* 设置右上角 */
border-bottom-right-radius: 30px;      /* 设置右下角 */
border-bottom-left-radius: 60px;       /* 设置左下角 */
```

若使用其中一个属性，则可以单独设置一个角。

当宽度和高度相等时，元素为正方形。若设置 border-radius 属性的值为 50%，则元素为正圆形。圆形效果的 <div> 标签结构与样式如表 5-3-2 所示。

表 5-3-2　圆形效果的 <div> 标签结构与样式

结构	样式	效果

`<body>`
　　`<div id="box">`
　　`</div>`
`</body>`
	`#box{`
	　　`height: 200px;`
	　　`width: 200px;`
	　　`background: green;`
	　　`border: 1px solid #1b8637;`
	　　`border-radius: 50%;`
	`}`	

学习任务四 图文混排

任务描述

制作"垃圾分类指南"网页，网页浏览效果如图 5-4-1 所示（文件名：web05-4.html）。

图 5-4-1 "垃圾分类指南"网页浏览效果

具体要求如下。
- 最外层 <div> 标签的宽度为 450px，有一个粗细为 1px、颜色为浅灰色（颜色值为 #CCCCCC）的实线边框。
- 栏目标题文字的大小为 18px，颜色值为 #0080CC。
- 图像的大小为 120px×80px。
- 正文文字的大小为 14px，两倍行距，首行缩进两个字符。

任务实施

1. 定义站点和新建网页文件

在本地硬盘中创建 unit05 文件夹，将该文件夹作为站点，在该文件夹中新建网页文件 web05-4.html。

2. 分析网页结构

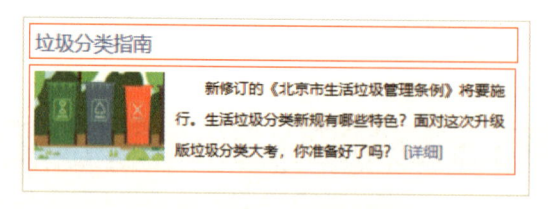

图 5-4-2 网页结构

整个栏目使用一个 <div> 标签样式，里面包含标题文字和详细内容，标题文字的格式为"标题1"，详细内容使用一个 <div> 标签样式，里面嵌套图像与文字，如图 5-4-2 所示。

网页结构代码如下：

```
<div id="box">
    <h1>...</h1>
    <div>
```

```
        <img />
        <p> 文字 </p>
    </div>
</div>
```

3. 修改网页结构和样式

（1）打开新建的网页文件 web05-4.html，参照网页效果修改网页结构，代码如下：

```
<div id="box">
    <h1> 垃圾分类指南 </h1>
    <div>
        <img src="img/pic05-4.jpg" />
        <p> 新修订的《北京市生活垃圾管理条例》将要施行。生活垃圾分类新规有哪些特色？面对这次升级版垃圾分类大考，你准备好了吗？<span>[ 详细 ]</span></p>
    </div>
</div>
```

（2）完成最外层 <div> 标签样式的设置，代码如下：

```
#box{
    width: 450px;
    margin: 0 auto;
    padding: 10px;
    border: solid 1px #CCCCCC;
}
```

（3）完成栏目标题文字样式的设置，代码如下：

```
#box h1{
    margin: 0;
    font-size: 18px;
    font-weight: normal;
    color: #0080CC;
}
```

（4）完成图像样式的设置，代码如下：

```
#box img{
    float:right;
    width: 120px;
    height: 80px;
    margin-left: 10px;
}
```

（5）完成正文文字样式的设置，代码如下：

```
#box p{
    font-size: 14px;
    line-height: 2em;
    text-indent: 2em;
}
#box span{
    color:#0080CC ;
}
```

（6）保存文件。

知识链接

1. 文字环绕图像

在一个图文并茂的网页中，文字环绕图像可以使布局美观、紧凑，这是一种很常见的布局方式，通常会让图像居左或居右，文字在右侧或左侧环绕。

1）文字环绕图像的布局

在设置文字环绕图像的布局时，一般先插入图像，然后插入文字，文字可以放在 <p> 标签或其他容器标签中。

```
<img src=" " />
<p>...</p>
```

2）float 属性

使用 CSS 的 float 属性可以实现文字环绕图像的效果。float 属性用于定义元素在哪个方向浮动，应用于图像中，使文本围绕在图像周围。在 CSS 中，任何元素都可以浮动。

其基本语法如下：

```
float: left |right |none
```

left：元素向左浮动。

right：元素向右浮动。

none：默认值。元素不浮动，会显示其在文本中出现的位置。

例如，图像向右浮动，代码为 img { float:right; }；

图像向左浮动，代码为 img{ float:left; }，效果如图 5-4-3 所示。

CSS 使用 float 属性来实现图像的文字环绕效果。此外，除了使用 float 属性，还可以配合使用 padding 和 margin 属性，使图像和文字达到最佳效果。

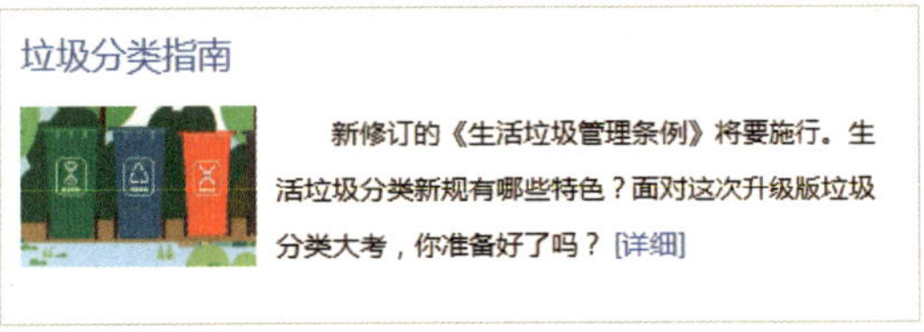

2. clear 属性

在使用了 CSS 的 float 属性进行设置后，元素的高度会塌陷，会对后面内容的正常显示有影响，这时就需要清除设置 float 属性后造成的影响，可以使用 clear 属性进行清除。

图 5-4-3　图像向左浮动的效果

其基本语法如下：

```
clear : none | left|right| both
```

none：允许左、右两侧都有浮动元素。

left：不允许左侧有浮动元素。

right：不允许右侧有浮动元素。

both：左、右两侧均不允许有浮动元素。

例如，清除左侧的浮动元素，代码为 div{clear:left}。

3. 图像居中

1）水平居中

将图像放到容器（<div> 或 <p> 标签）中，可以使用 text-align:center（将 <div> 标签的 text-align 属性的值设置为 center）实现图像水平居中。其代码如下：

```
.img1{ text-align: center;}
…
<div class="img1"><img src="img/pic1.jpg"/></div>
```

也可以将图像设置为块级元素，如 display:block;，并使用 margin: 0 auto; 设置居中。

2）垂直居中

图像放置在 <div> 标签中，可以通过高度、行高和 vertical-align 属性等的设置实现图像垂直居中的效果。其代码如下：

```
<div id="box"><img src="img/pic1.jpg" /></div>
```

设置样式的代码如下：

```css
#box{
    width:600px;
    height:400px;
    border: 1px solid #008000;
    margin: 100px auto;
    line-height: 400px;
    text-align: center;         /* 图像水平居中 */
}
#box img{
    vertical-align:middle;      /* 图像垂直居中 */
}
```

图 5-4-4　样式设置完成的效果

样式设置完成的效果如图 5-4-4 所示。

4. 图像与单行文字的位置关系

在默认情况下，图像与单行文字底部对齐，使用 vertical-align 属性，可以设置纵向（垂直）位置。图像与单行文字的位置关系如表 5-4-1 所示。

网页结构代码如下：

```html
<div id="box">
    <img src="img/pic1.jpg"/>校园风景
</div>
```

表 5-4-1　图像与单行文字的位置关系

图像样式	网页效果

`#box img {`
　　`vertical-align: bottom;`
`}`
（底部对齐，bottom 是 vertical-align 属性的默认值）
	校园风景

`#box img {`
　　`vertical-align: middle;`
`}`
（居中对齐）
	校园风景

续表

图像样式	网页效果

`#box  img {`
`    vertical-align: top;`
`}`
（顶端对齐）
	校园风景

学习任务五　图像背景

任务描述

制作"环境周活动策划"网页，网页浏览效果如图 5-5-1 所示（文件名：web05-5.html）。

具体要求如下。
- 设置网页背景图像。
- 设置 <div> 标签的背景图像。
- 插入图像，设置图像链接，要求单击图像后返回首页文件。
- 插入文字并为文字设置相应的样式。

图 5-5-1　"环境周活动策划"网页浏览效果

任务实施

1．定义站点和新建网页文件

在本地硬盘中创建 unit05 文件夹，将该文件夹作为站点，在该文件夹中新建 img 文件夹，将所需的图像素材文件复制至 img 文件夹中。在该文件夹中新建网页文件 web05-5.html。

2．分析网页结构

1）图像的应用

这里使用了 3 个图像文件，如图 5-5-2 所示。

在网页中，3 个图像文件的作用不同。其中，pic05-5-1 作为网页背景图像，pic05-5-2 作为文字的背景图像，pic05-5-3 作为网页中插入的图像。

图 5-5-2　图像文件

2）结构分析

整个栏目使用一对 <div> 标签，该 <div> 标签的 id 为 box，背景图像为 pic05-5-1.png。整个栏目中包含标题、详细内容和图像,标题的格式为"标题 3"，文字的格式使用 <p> 标签，<img> 标签嵌套在 <p> 标签中，<img> 标签嵌套在 <p> 标签中。

3）布局的关键参数

id 为 box 的 <div> 标签在网页中水平居中，与网页最上面的距离（边界）为 50px。#box 的背景图像的大小是 500px×290px，为了使文字不紧贴背景图像的边界线，在有背景图像的 #box 中，需要设置内边距。文字与 #box 的上、下边界均为 50px（padding-top 和 padding-bottom 均为 50px），文字与 #box 的左、右边界均为 40px（padding-left 和 padding-right 均为 40px）。

在 #box 的样式定义中,#box 的实际宽度等于定义的 width 属性的值加上左、右内边距的值，#box 的实际高度等于定义的 height 属性的值加上上、下内边距的值。为了让 #box 的背景图像不重复并且刚好看到一张完整的图像，应设置 #box 的实际宽度为 500px，实际高度为 290px。因此，定义的 width 属性的值应为 420px，height 属性的值应为 150px。网页结构如图 5-5-3 所示。

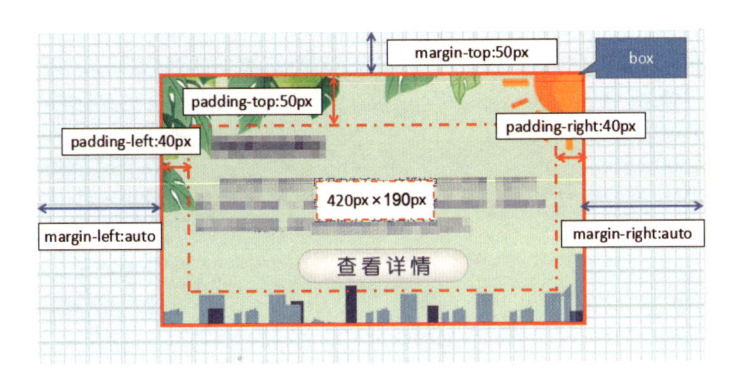

图 5-5-3　网页结构

3. 修改网页结构和样式

（1）完成网页结构的设置。插入文字、图像，网页结构代码如下：

```
<div id="box">
    <h3> 环境周活动策划 </h3>
    <p> 学校在第十周……   </p>
    <p class="pic">
        <a href="index.html"><img src="img/pic05-5-3.png" /></a>
    </p>
</div>
```

（2）完成全局样式的设置。为了清除所有默认的外边距、内边距和边框的宽度，可以使用"*"样式进行设置，代码如下：

```
* {
    margin: 0px;
    padding:0px;
    float: 0px;
    border: 0px;
}
```

（3）设置网页背景图像，代码如下：

```
body {
    background-image: url(img/pic05-5-1.jpg);
}
```

（4）设置 #box 的大小、边界、填充与背景图像，代码如下：

```
#box {
    width: 420px;
    height:190px;
    margin: 50px auto;
```

```
    background-image: url(img/pic05-5-2.png);
    padding: 50px 40px;
}
```

（5）设置 #box 的标题、文字、图像的样式，代码如下：

```
#box h3 {
    margin: 20px;
    color: #0c208d;
    font-weight: bold;
    line-height: 25px;
}
```

```
#box p {
    font-size: 14px;
    color: #3f51b5;
    line-height: 25px;
    text-indent: 28px;
}
```

```
#box .pic {
    margin: 15px;
    text-align: center;
}
```

（6）保存文件。

知识链接

1. 背景属性

在制作网页时，有两种使用 CSS 设置元素的背景属性，即背景颜色属性和背景图像属性。背景颜色属性即 background-color 属性，背景图像属性即 background-image 属性。

（1）background-color 属性用于设置元素的背景颜色。

其基本语法如下：

```
background-color: 颜色;
```

background-color 属性的值如下。

颜色名称，如 background-color:yellow;。

颜色值为十六进制值，如 background-color:#99FF00;。

RGB 值，如 rgb(255,0,0)。

使用 RGBA 颜色并设置透明度，如 background-color:rgba（0,0,0,8）。

（2）background-image 属性用于为元素设置背景图像。

其基本语法如下：

```
background-image:url(' 图像路径 ');
```

例如：

```
background-image: url(../img/bg2.png);
```

在默认情况下，图像会重复，直至覆盖整个元素。

2. 网页背景

在设置整个网页背景时，需要对 <body> 标签设置 CSS 的背景样式。

1）单色网页背景

浏览器中的网页默认的背景颜色为白色，为了网页的美观，可以根据内容布局设置一个合适的背景颜色。有时，网站会采用统一的网页背景颜色。例如：

```
body{
    background:#EEEEEE;
}
```

以上代码中设置的网页背景颜色为灰色。

2）重复排列的图像背景

在将较小的图像设置为网页背景图像时，图像默认会有规律地进行横向与纵向的重复排列。如图 5-5-4 所示，左图为提供的素材，当设置该图像为网页背景图像时，图像默认会有规律地横向、纵向重复排列，形成整页的网格布的背景效果。

小图像的优点是容量小，网页浏览时加载速度快。一些小图像作为网页背景图像重复排列，会使网页具有一定的美观性，如图 5-5-5 所示。注意，在设置网页背景图像时，应使用不会干扰文本的图像。否则，文本和背景图像的不合理搭配会使文字难以阅读。

如果要设置背景图像的重复方式，那么还需要设置其他背景属性，后面将会详细介绍。

3）全屏图像背景

当图像的大小大于屏幕的大小时，整个图像可以作为网页背景图像。图 5-5-6 所示为高清大图（图像的大小为 1920px×1080px）作为网页背景图像的效果。

图 5-5-4　重复排列的背景效果 1　　　　图 5-5-5　重复排列的背景效果 2

图 5-5-6　高清大图作为网页背景图像的效果

3. 元素背景

（1）除了为网页设置背景，还可以为网页内的所有的元素设置背景，如 \<h1\>、\<p\>、\<div\> 等标签。其代码如下：

```
<body>
    <h1> 标题 </h1>
    <div>
        <div> 标签的背景颜色
        <p> 这是段落的颜色 </p>
        这是 <div> 标签
    </div>
</body>
```

定义的样式代码如下：

```
<style>
    h1 { background-color: #33CC66;}
```

```
    div { background-color: #E0E0E0;}
    p { background-color: yellow;}
</style>
```

图 5-5-7 所示为元素背景颜色的效果。

（2）设置 <div> 标签使用的背景图像不重复，并且显示一个完整的图像。若 <div> 标签中的内容距离 <div> 标签的边框有一定的距离，则需注意为 <div> 标签设置合适的宽度和高度。<div> 标签的实际宽度（背景图像的宽度）=<div> 标签定义的 width 属性的值 +padding-left 和 padding-right 属性的值（左、右内边距）+border 属性的值（边框的粗细）；<div> 标签的实际高度（背景图像的高度）=<div> 标签定义的 height 属性的值 +padding-top 和 padding-bottom 属性的值（上、下内边距）+border 属性的值（边框的粗细）。<div> 标签使用的背景图像的效果如图 5-5-8 所示。

图 5-5-7　元素背景颜色的效果　　图 5-5-8　<div> 标签使用的背景图像的效果

注意，如果没有内容的 <div> 标签要设置背景图像，那么需要给这个 <div> 标签设置高度，这样才能看到背景图像的效果。

学习任务六　图像背景属性

任务描述

制作"保护地球"网页，网页浏览效果如图 5-6-1 所示（文件名：web05-6.html）。具体要求如下。

- 设置网页背景图像。

- 设置标题背景图像。
- 插入图像和文字并为文字设置相应的样式。栏目标题文字"保护地球"的大小为 30px，颜色值为 #246C14；其余文字的大小为 14px。
- 设置内容的背景颜色与背景图像。

图 5-6-1 "保护地球"网页浏览效果

任务实施

1. 定义站点和新建网页文件

在本地硬盘中创建 unit05 文件夹，将该文件夹作为站点，在该文件夹中新建网页文件 web05-6.html。

2. 分析网页结构

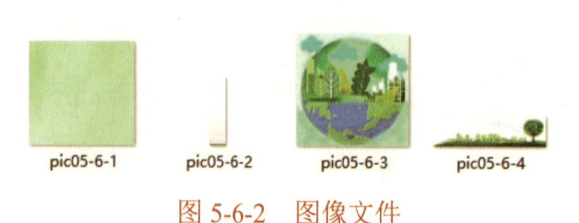

1）图像的应用

这里使用了如图 5-6-2 所示的 4 个图像文件。

图 5-6-2 图像文件

其中，pic05-6-1.jpg 作为网页背景图像，pic05-6-2.jpg 作为栏目标题背景图像，pic05-6-3.jpg 作为插入的图像，pic05-6-4.jpg 作为内容区的背景图像。

2）结构分析

文章内容用一对 <div> 标签包含，该 <div> 标签的 id 为 box。在 <div> 标签中嵌套标题与内容，内容包含文字与图像。

3）样式分析

- 网页背景图像：使用图像 pic05-6-1.jpg 作为网页背景图像。
- #box 的大小为 800px，背景颜色值为 #FEFDF8。
- 标题文字居中，颜色值为 #246C14。
- 图文混排：插入的图像 pic05-6-3.jpg 要设置文字环绕，图文之间要有一定的边界。
- 内容区的背景图像：内容区的背景图像 pic05-6-4.jpg 设置在网页的右下角，不重复。

3. 修改网页结构和样式

（1）打开新建的网页文件 web05-6.html，参照图 5-6-1 所示的效果插入文字与图像，修改网页结构，代码如下：

```html
<div id="box">
    <h1> 保护地球 </h1>
    <div class="content">
        <p> 地球是太阳系中从内到外的……人类生存的星球。</p>
        <img src="img/pic05-6-3.jpg" />
        <p> 工业高度发达带来……生态破坏。</p>
        <p> 人类不断排放……危害人类健康和生存。</p>
        <p> 长期大规模的开采……地球上永远消失了。</p>
        <p> 为了保护生态环境……绿色的森林成为永远的风景。　</p>
        <p> 保护地球日常能做：<br />
            随手关电灯，节约用电；<br />
            乘公共交通工具或骑自行车出行；<br />
            自备购物袋，减少使用塑料袋；<br />
            节约用水，用完水后及时关闭水龙头；<br />
            减少使用一次性筷子和杯子；<br />
            拒绝环境污染，保护资源。<br />
        </p>
    </div>
</div>
```

(2) 设置全局的样式，设置网页背景，代码如下：

```
body{
    background-image: url(img/pic05-6-1.jpg);
}
```

(3) 设置网页整体结构的样式，设置 width、margin、background-color 属性，代码如下：

```
#box{
    width: 800px;
    margin: 0 auto;
    background-color:#FEFDF8;
}
```

(4) 设置标题的背景效果、文字效果，代码如下：

```
#box h1{
    background-image: url(img/pic05-6-2.jpg);
    height: 53px;
    line-height: 53px;
    text-align: center;
    font-size: 30px;
    color: #246C14;
}
```

(5) 设置背景效果和填充效果，背景图像放在右下角，不重复，代码如下：

```
#box .content{
    padding: 10px;
    background: url(img/pic05-6-4.jpg) no-repeat right bottom;
}
```

(6) 设置插入图像的样式，由于原素材图像较大，因此需要调整图像的大小。由于插入的图像与文字混排，因此需要将图像设置为左浮动，同时设置文字与图像有一定的距离。此外，应设置 margin 属性。其代码如下：

```
#box img{
    float: left;
    width: 235px;
    margin: 10px;
}
```

(7) 设置段落的样式，文字段落需要设置首行缩进，文字需要调整行距，代码如下：

```
#box p{
    font-size: 14px;
    text-indent: 2em;
    line-height: 28px;
}
```

知识链接

1. CSS 中的背景属性

CSS 中有如下背景属性。

background-color：规定背景颜色。

background-image：规定背景图像。

background-position：规定元素中背景图像的位置。

background-repeat：规定如何重复背景图像。

background-attachment：规定背景图像是固定还是随页面滚动。

background-size：规定背景图像的尺寸。

background-origin：规定背景图像的定位区域。

background-clip：规定背景图像的绘制区域。

这些属性可以合并为一个缩写属性，即 background 属性。

其中，background-size、background-origin、background-clip 属性属于 CSS3 中的新属性。

1）background-repeat 属性

其基本语法如下：

```
background-repeat: repeat|no-repeat| repeat-x | repeat-y
```

repeat：默认值，水平、垂直方向都重复。

repeat-x：水平方向重复，横向重复。

repeat-y：垂直方向重复，纵向重复。

no-repeat：不重复。

其结构代码如下：

```
<body>
        <div id="box">  </div>
</body>
```

其样式代码如下：

```
<style type="text/css">
    #box{
        width: 400px;
        height: 400px;
        border: 1px solid #008000;
        margin: 100px auto;
        background-image: url(img/img2.jpg);
    }
</style>
```

增加 background-repeat: no-repeat;，设置不重复，代码如下：

```
<style type="text/css">
    #box{
        …
        background-image: urlimg/img2.jpg);
        background-repeat: no-repeat;
    }
</style>
```

水平和垂直方向都重复的效果和不重复的效果如图 5-6-3 和图 5-6-4 所示。

修改代码为 background-repeat: repeat-x;，水平方向重复的效果如图 5-6-5 所示。

修改代码为 background-repeat:repeat-y;，垂直方向重复的效果如图 5-6-6 所示。

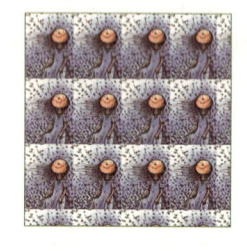

图 5-6-3　水平和垂直方向都重复的效果 　　图 5-6-4　不重复的效果 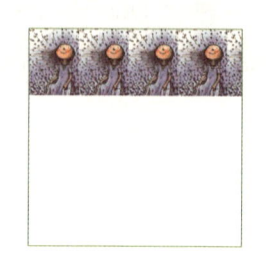　　图 5-6-5　水平方向重复的效果 　　图 5-6-6　垂直方向重复的效果

2）background-position 属性

其基本语法如下：

```
background-position: 百分比/px/top/right/bottom/left/center;
```

background-position 属性用来控制背景图像在元素中所处的位置，可以设置一个或两个值，在 CSS 中背景图像的定位方法一般有以下 3 种。

关键字：background-position: top left;。

像素：background-position: 0px 0px;。

百分比：background-position: 0% 0%;。

不同 background-position 属性的值的描述及效果如表 5-6-1 所示。

表 5-6-1　不同 background-position 属性的值的描述及效果

background-position 属性的值	描述	效果
background-position:center;	水平方向和垂直方向都位于中间位置	
background-position:20% 20%;	水平方向位于距元素的左边框 20% 的位置，垂直方向位于距元素的上边框 20% 的位置	
background-position:20px 40px;	水平方向位于距元素的左边框 20px 的位置，垂直方向位于距元素的上边框 40px 的位置	
background-position:left bottom;	水平方向紧贴元素的左边框，垂直方向位于元素的底部	
background-position:right top;	水平方向紧贴元素的右边框，垂直方向位于元素的顶部	

3）background-attachment 属性

其基本语法如下：

```
background-attachment: scroll/fixed
```

scroll：默认值，随着图像的滚动而滚动。

fixed：当网页中的其余部分移动时，背景图像不会移动。

例如，将背景图像设置为固定，不随滚动条而滚动，代码如下：

```
background-attachment: fixed;
```

2. background 属性

background 属性是复合属性，相当于将 background-color、background-image、background-repeat、background-attachment、background-position 属性的值组合在一起。它的取值可以是一个，也可以是多个。其代码如下：

```
background: [background-color] [background-image] [background-repeat] [background-attachment] [background-position]
```

各属性值之间用空格分割，不分先后顺序。

例如：

```
background: #00FF00 url(bgimg.gif) no-repeat fixed 5px 5px;
```

其效果相当于如下代码：

```
Background-color: #00FF00;
background-image: url(bgimg.gif);
background-repeat: no-repeat;
Background-attachment: fixed;
background-position: 5px 5px;
```

单元小结

本单元介绍了插入图像、图像标签和图像在网页中的应用，如图文混排的方法、图像作为背景图像的应用，详细解释了浮动和背景样式。通过学习本单元，学生可以掌握在网页中图像的使用方法和图像的常用样式。

实践任务

（1）制作"百科故事"网页，设置图像和文字的样式，如图 5-7-1 所示（文件名：ex05-1.html）。

具体要求如下。

- <div> 标签的宽度为 250px，背景颜色值为 #E5E5E5。
- 图像的大小为 240px×150px，带有粗细为 5px 的白色边线边框。

- 标题文字"百科故事"的大小为16px，其余文字的大小为14px。
- 所有文字的字体均为微软雅黑，颜色值均为#333333。

（2）制作"垃圾分类"网页，设置图像和文字的样式，网页浏览效果如图5-7-2所示（文件名：ex05-2.html）。

具体要求如下。

- 设置网页背景图像，所有文字的字体均为微软雅黑。
- <div>标签的宽度为900px，浏览时居中。
- 栏目标题文字的大小为28px，背景和线条的颜色值均为#0F7837。
- 图像的大小为100px×100px，带有粗细为10px的实线边框，颜色值为#5CCF7C，圆角。
- 标题文字的大小为20px，正文文字的大小为14px，两倍行距，首行缩进两个字符。
- "【详细】"的颜色值为#990000。
- 前3篇文章下面均有粗细为1px的虚线，颜色值为#DDCCAA。
- 添加版权信息。

图5-7-1 "百科故事"网页浏览效果

图5-7-2 "垃圾分类"网页浏览效果

第六单元 网页列表

单元学习目标

- 掌握无序列表和有序列表标签。
- 掌握列表嵌套。
- 掌握列表样式的设置。
- 掌握列表图文混排的常见版式。
- 掌握使用列表进行布局的方法。

单元学习内容

列表在网页中占有比较大的比重。列表经常被用来展示提纲和类型，使显示信息整齐、直观，便于用户理解。使用列表布局，结构会更加条理清晰、层次分明、格式美观。

本单元讲解如何在网页中插入列表、设置列表的项目符号等列表样式，以及使用列表进行布局的方法。在后面的 CSS 样式的讲解中，将大量使用到网页列表的相关知识。

学习任务一　列表标签

任务描述

制作列表内容网页，网页浏览效果如图 6-1-1 所示（文件名：web06-1.html）。具体要求如下。

- 添加无序列表（见图 6-1-2）、有序列表（见图 6-1-3）和自定义列表（见

图 6-1-4）。
- 列表中文字的字体为微软雅黑，大小为 14px。
- 设置适当的行距。

图 6-1-1　网页浏览效果　　图 6-1-2　无序列表　　图 6-1-3　有序列表　　图 6-1-4　自定义列表

任务实施

1. 定义站点和新建网页文件

在本地硬盘中创建 unit06 文件夹，将该文件夹作为站点，在该文件夹中新建网页文件 web06-1.html。

2. 修改网页结构和样式

（1）打开新建的网页文件 web06-1.html，设置无序列表的结构，输入文字，代码如下：

```
<p>计算机</p>
<ul>
    <li>程序设计</li>
```

```
<li> 移动开发 </li>
<li> 人工智能 </li>
<li> 数据库 </li>
<li> 操作系统 / 系统开发 </li>
</ul>
```

（2）设置有序列表的结构，输入文字，代码如下：

```
<p> 程序设计 </p>
    <ol>
        <li>Java </li>
        <li>Go </li>
        <li>C 语言 </li>
        <li>C++ </li>
        <li> 算法 </li>
        <li>Python</li>
        <li>PHP </li>
    </ol>
```

（3）设置所有文字的字体、大小，代码如下：

```
body {
    font-family: " 微软雅黑 ";
    font-size: 14px;
    line-height: 28px;
}
```

（4）设置自定义列表的结构，输入文字，代码如下：

```
<dl>
    <dt> 移动开发 </dt>
    <dd>Android/Kotlin</dd>
    <dd>IOS/OBJ-C/Swift</dd>
    <dd> 微信小程序开发 </dd>
    <dt> 人工智能 </dt>
    <dd> 深度学习与神经网络 </dd>
    <dd> 机器学习 </dd>
    <dd> 智能硬件 </dd>
    <dt> 操作系统 / 系统开发 </dt>
    <dd>Linux</dd>
    <dd> 系统开发 </dd>
    <dd>Windows</dd>
    <dd>UNIX Solaris</dd>
</dl>
```

（5）保存文件。

知识链接

1. 有序列表、无序列表和自定义列表

网页列表可以分为3种，分别为有序列表、无序列表和自定义列表。

1）有序列表

有序列表就是列表结构中的列表项按照一定的顺序进行排列的列表。列表项可以按照数字的顺序排列，也可以按照字母的顺序或罗马数字的顺序排列，如图 6-1-5 所示。

2）无序列表

大部分网页应用中的列表均采用无序列表，无序列表就是列表结构中的列表项没有先后顺序形式的列表。列表项之间关系并列，排序没有先后。列表项的项目符号一般使用空心圆、实心圆、图标等标签，如图 6-1-6 所示。

3）自定义列表

自定义列表又被称为定义列表，或释义列表、字典列表等。自定义列表是列表项及其注释组合的列表。每个列表项前面均没有项目符号，也没有序号，通过缩进的方式展现内容的层次，如图 6-1-7 所示。

程序设计

1. Java
2. Go
3. C语言
4. C++
5. 算法
6. Python
7. PHP

计算机

- 程序设计
- 移动开发
- 人工智能
- 数据库
- 操作系统/系统开发

移动开发
    Android/Kotlin
    IOS/OBJ-C/Swift
    微信小程序开发
人工智能
    深度学习与神经网络
    机器学习
    智能硬件
操作系统/系统开发
    Linux
    系统开发
    Windows
    UNIX Solaris

图 6-1-5 有序列表　　图 6-1-6 无序列表　　图 6-1-7 自定义列表

列表是由列表类型和列表项组成的。其中，列表类型包括有序列表、无序列表、自定义列表；列表项指具体的列表中的内容。

2. 有序列表标签

(1) <ol> 标签用于定义有序列表，基本语法如下：

```
<ol >
    <li> 项目内容 </li>
    …
    <li> 项目内容 </li>
</ol>
```

有序列表始于 <ol> 标签，列表排序按默认数字显示。其中，<li> 标签定义列表项。列表项内部可以使用 <p> 标签、
 标签、<img> 标签等。

(2) 有序列表属性：type 属性。

其基本语法如下：

```
<ol type=value1    start=value2>
    <li> 项目内容 </li>
        …
    <li> 项目内容 </li>
</ol>
```

type 属性用于设置编号的数字、字母等列表的类型，如若 type=a，表示编号使用英文字母。设置不同的值，表示有序列表项不同符号的类型。type 属性的值及描述如表 6-1-1 所示。

表 6-1-1　type 属性的值及描述

type 属性的值	描述
type=1	表示列表项使用数字表示，如 1、2、3 等
type=a	表示列表项使用小写字母表示，如 a、b、c 等
type=A	表示列表项使用大写字母表示，如 A、B、C 等
type=i	表示列表项使用小写罗马数字表示，如 i、ii、iii 等
type=I	表示列表项使用大写罗马数字表示，如 I、II、III 等

不赞成使用 <ol> 标签的 type 属性设置列表类型，目前常使用 CSS 样式设置列表类型。

(3) 有序列表属性：start 属性。

start 属性表示列表项开始时的数值。若不设置 start 属性，则默认从 1 开始。例如，start=3 表示编号从 3 开始。其代码如下：

```
<ol start="3">
```

```
    <li>Java </li>
    <li>Go </li>
    <li>C 语言 </li>
    <li>C++ </li>
    <li>算法 </li>
    <li>Python</li>
    <li>PHP </li>
</ol>
```

设置有序列表的 start 属性的值的效果如图 6-1-8 所示。

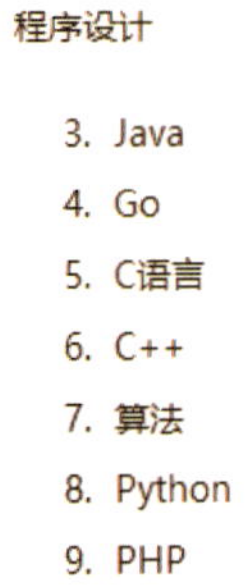

3. 无序列表标签

（1）<ul> 标签用于定义无序列表，基本语法如下：

```
<ul >
    <li> 项目内容 </li>
    …
    <li> 项目内容 </li>
</ul>
```

程序设计
3. Java
4. Go
5. C语言
6. C++
7. 算法
8. Python
9. PHP

图 6-1-8　设置有序列表的 start 属性的值的效果

无序列表始于 <ul> 标签，<li> 标签用于定义列表项。无序列表的各个列表项之间没有顺序级别之分，是并列的。

<ul> 标签中只能嵌套 <li> 标签，直接在 <ul> 标签中输入其他标签或文字的做法是不被允许的。<li> 标签相当于一个容器，可以容纳所有元素。列表项内部可以使用 <p> 标签、
 标签、<img> 标签、<a> 标签，以及其他列表等。

（2）无序列表属性：type 属性。

其基本语法如下：

```
<ul type=" ">
    <li> 项目内容 </li>
    …
    <li> 项目内容 </li>
</ul>
```

其中，type 属性的值包括 dise、circle 和 square。

dise：默认值，用于表示实心圆。

circle：用于表示空心圆。

square：用于表示实心方块。

例如：

```
<ul type="circle">
        <li>程序设计 </li>
        <li>移动开发 </li>
        <li>人工智能 </li>
        <li>数据库 </li>
        <li>操作系统 / 系统开发 </li>
</ul>
```

设置无序列表的 type 属性的值的效果如图 6-1-9 所示。

4. 自定义列表标签

<dl> 标签用于定义自定义列表，基本语法如下：

```
<dl>
    <dt> 项目名 </dt>          /* 定义项目名 */
    <dd> 项目内容 </dd>        /* 定义项目内容 */
    …
    <dt> 项目名 </dt>          /* 定义项目名 */
    <dd> 项目内容 </dd>        /* 定义项目内容 */
</dl>
```

要描述的项目名（标题）以 <dt> 标签开始，每项要描述的项目内容以 <dd> 标签开始。

例如：

```
<dl>
    <dt>HTML</dt>
    <dd> 负责页面的结构 </dd>
    <dt>CSS</dt>
    <dd> 负责页面的表现 </dd>
    <dt>JavaScript</dt>
    <dd> 负责页面的行为 </dd>
</dl>
```

上述代码的运行效果如图 6-1-10 所示。

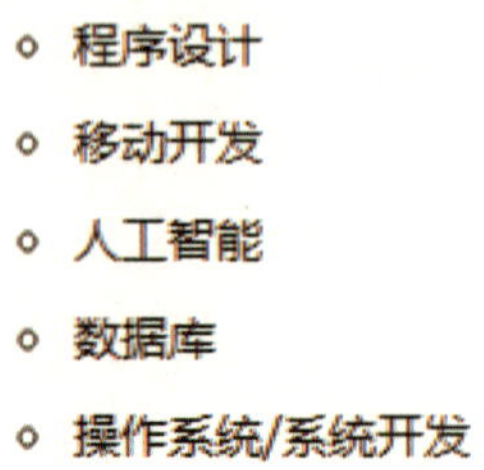

图 6-1-9　设置无序列表的 type 属性的值的效果 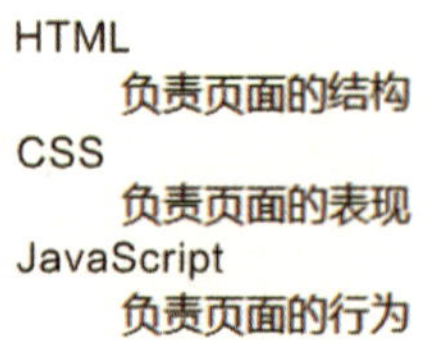　　　　图 6-1-10　运行效果

学习任务二　列表嵌套

任务描述

制作列表嵌套网页，网页浏览效果如图 6-2-1 所示（文件名：web06-2.html）。具体要求如下。

- 添加项目列表嵌套。
- 第 1 种为在无序列表中嵌套子无序列表。
- 第 2 种为在有序列表中嵌套子有序列表。
- 第 3 种为在无序列表中分别嵌套子无序列表和子有序列表。
- 所有文字的字体均为微软雅黑，大小分别为 20px、14px。
- 设置适当的行距。

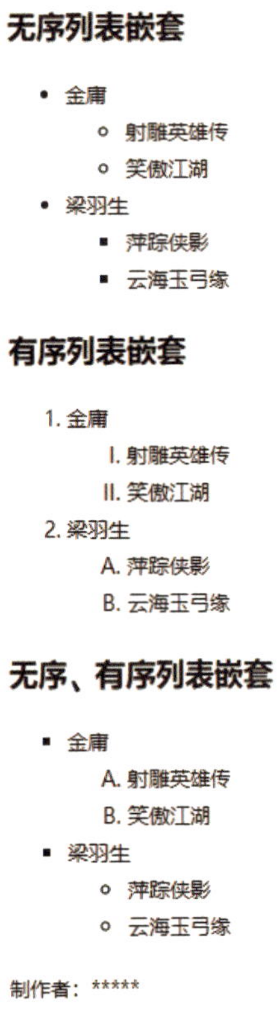

图 6-2-1　列表嵌套网页浏览效果

任务实施

1. 定义站点和新建网页文件

在本地硬盘中创建 unit06 文件夹，将该文件夹作为站点，在该文件夹中新建网页文件 web06-2.html。

2. 修改网页结构和样式

（1）打开新建的网页文件 web06-2.html，设置无序列表嵌套。

制作无序列表嵌套。先定义一个包含两个列表项的无序列表，然后分别在两个列表项中嵌套子无序列表。其中，嵌套的子无序列表默认缩进，第一个子无序列表不设置项目符号，默认为空心圆；第二个子无序列表的项目符号为实心方块。其代码如下：

```
<h3> 无序列表嵌套 </h3>
<ul>
    <li>
        金庸
```

```
        <ul>
            <li> 射雕英雄传 </li>
            <li> 笑傲江湖 </li>
        </ul>
    </li>
    <li>
        梁羽生
        <ul type="square">
            <li> 萍踪侠影 </li>
            <li> 云海玉弓缘 </li>
        </ul>
    </li>
</ul>
```

（2）设置标题的格式为"标题 3"，标题文字的大小为 20px，其他文字的大小为 14px，行高为 24px，代码如下：

```
<style type="text/css">
    h3{
        font-size: 20px;
    }
    li,p{
        font-size: 14px;
        line-height: 24px;
    }
</style>
```

（3）制作有序列表嵌套。先定义一个包含两个列表项的有序列表，然后分别在两个列表项中嵌套子有序列表。其中，嵌套的子有序列表默认缩进，第一个子有序列表被定义为大写罗马数字编号；第二个子有序列表被定义为大写字母编号。

```
<h3> 有序列表嵌套 </h3>
    <ol>
        <li>
            金庸
            <ol type="I">
                <li> 射雕英雄传 </li>
                <li> 笑傲江湖 </li>
            </ol>
        </li>
        <li>
```

```
            梁羽生
            <ol type="A">
                <li> 萍踪侠影 </li>
                <li> 云海玉弓缘 </li>
            </ol>
        </li>
</ol>
```

（4）制作无序、有序列表嵌套。先定义一个包含两个列表项的无序列表，项目符号为实心方块，然后分别在两个列表项中嵌套子列表。其中，第一个是子有序列表，将其定义为大写字母编号；第二个是子无序列表，不为其定义项目符号，默认为空心圆。

```
<ul type="square">
    <li>
        金庸
        <ol type="A">
            <li> 射雕英雄传 </li>
            <li> 笑傲江湖 </li>
        </ol>
    </li>
    <li>
        梁羽生
        <ul>
            <li> 萍踪侠影 </li>
            <li> 云海玉弓缘 </li>
        </ul>
    </li>
</ul>
```

（5）保存文件。

知识链接

1. 列表嵌套

在对一些内容进行分类时，会先分成一大类，再将大类分成若干小类，小类还可以继续包含若干子类。在使用列表显示分类内容时，列表项中包含子列表，一个列表中的列表项又是一个列表，这就是列表嵌套。

在图6-2-2中，第一层列表为无序列表，项目符号为实心圆，第二层子列表也为无序列表，子列表自动缩进，项目符号是空心圆和实习方块。

2. 列表嵌套的使用

列表之间可以互相嵌套，使用列表嵌套能够将制作的网页分割为多个层次，让人觉得有很强的层次感。有序列表和无序列表不仅能够嵌套，而且能够互相嵌套，可以在无序列表中放置一个有序列表，也可以在有序列表中放置一个无序列表。

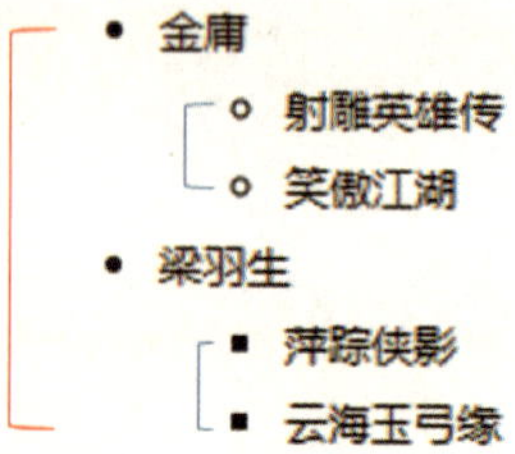

如果是无序列表嵌套，那么在默认情况下，第一层的项目符号是实心圆，第二层的项目符号是空心圆，第三层的项目符号是实心方块。

图 6-2-2 列表嵌套

如果是有序列表嵌套，那么在默认情况下，项目符号都是数字，如图 6-2-3 所示。

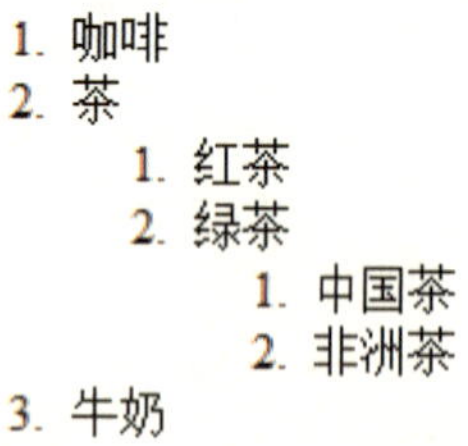

图 6-2-3 有序列表嵌套

学习任务三　无序列表样式

任务描述

制作"环保新闻"网页，网页浏览效果如图 6-3-1 所示（文件名：web06-3.html）。

具体要求如下。

- 网页背景颜色为浅银灰色（颜色值为 #DDDDDD），所有文字的字体均为微软雅黑。
- <div> 标签的宽度为 250px，背景颜色为白色，内边距为 10px。
- 栏目标题文字的大小为 18px，标题文字下方有一条粗细为 3px 的实线，颜色值为 #FF0000。
- 列表的项目符号为空心圆。
- 列表文字的大小为 14px，行高为 28px。

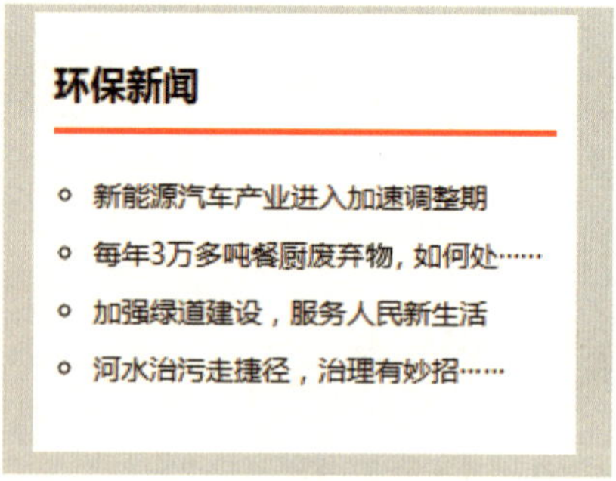

图 6-3-1 "环保新闻"网页浏览效果

任务实施

1. 定义站点和新建网页文件

在本地硬盘中创建 unit06 文件夹，将该文件夹作为站点，在该文件夹中新建网页文件 web06-3.html。

2. 修改网页结构和样式

（1）打开新建的网页文件 web06-3.html，修改网页结构，输入文字，代码如下：

```
<div class="box">
    <h1> 环保新闻 </h1>
    <ul>
        <li> 新能源汽车产业进入加速调整期 </li>
        <li> 每年 3 万多吨餐厨废弃物，如何处……</li>
        <li> 加强绿道建设，服务人民新生活 </li>
        <li> 河水治污走捷径，治理有妙招……</li>
    </ul>
</div>
```

（2）设置全局的样式，代码如下：

```
body{
    background-color: #DDDDDD;
}
```

（3）设置布局的样式，代码如下：

```
.box{
    width: 250px;
    margin: 0 auto;
    font-family: "微软雅黑";
    background-color: #FFFFFF;
    padding: 10px;
}
```

（4）设置标题的样式，代码如下：

```
h1{
    font-size: 18px;
    border-bottom: solid 3px #FF0000;
    padding-bottom: 10px;
```

}

(5) 设置列表的样式，代码如下：

```css
ul{
    list-style:circle;
    padding-left: 20px;
}
```

(6) 设置列表文字的样式，代码如下：

```css
li{
    font-size: 14px;
    line-height: 28px;
}
```

(7) 保存文件。

知识链接

1. 列表样式

1）默认的列表样式

对于列表，在不进行样式设置时，浏览器中有些默认的样式值。例如：

```html
<div class="box">
    <h1>环保新闻 </h1>
    <ul>
        <li>新能源汽车产业进入加速调整期 </li>
        <li>每年3万多吨餐厨废弃物，如何处……</li>
        <li>加强绿道建设，服务人民新生活 </li>
        <li>河水治污走捷径，治理有妙招……</li>
    </ul>
</div>
```

不设置样式时显示的效果如图6-3-2所示。

列表拥有默认的样式，这个默认的样式是项目符号为实心圆、列表项的填充（padding）为40px，列表的内边距和外边距如图6-3-3所示，并且列表项有一个缩进的效果。

要清除默认的外边距和内边距的值，可以在 <ul> 或 <ol> 标签中设置对应属性的值，如 margin:0 和 padding:0。如果要清除列表中默认的缩进或调整缩进的效果，那么应该重新设置列表的 padding-left 属性，如 padding-left:20px;。

图 6-3-2　不设置样式时显示的效果　　图 6-3-3　列表的内边距和外边距

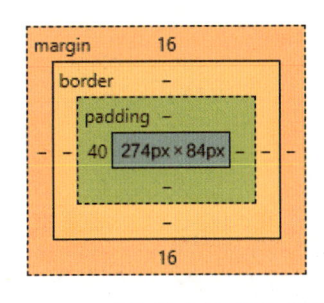

2）常用的列表样式

无序列表通常设置宽度、边框、边界、填充等样式，无序列表项经常设置的样式是列表项文字的样式，如文字字体、大小、颜色、行距、边框等。除此之外，常用的是设置列表项的项目符号的样式。例如，默认的无序列表的项目符号是实心圆，要将其修改为空心圆，可以使用 CSS 来设置。

2. list-style-type 属性

list-style-type 属性用于设置列表项的标签类型，和 HTML 中列表标签的 type 属性的功能类似。

list-style-type 属性的值及描述如表 6-3-1 所示。

表 6-3-1　list-style-type 属性的值及描述

list-style-type 属性的值	描述
none	无标签
dise	默认值，标签是实心圆
circle	标签是空心圆
square	标签是实心方块

例如：

```
ul{
    list-style-type:circle;
}
```

上述代码中设置的是列表项的项目符号为空心圆。

在实际应用中，使用较多的 list-style-type 属性的值是 none，用于删除列表项的标签。如果希望删除列表项前面默认的实心圆，那么可以通过将 list-style-type 属性的值设置为 none 来实现，代码如下：

```
ul {
    list-style-type:none;
}
```

学习任务四 有序列表样式

任务描述

制作"新闻排行榜"网页,网页浏览效果如图 6-4-1 所示(文件名:web06-4.html)。

具体要求如下。

- 最外层 <div> 标签的宽度为 300px,浏览时居中。
- 设置标题文字"新闻排行榜"的背景图像,文字的大小为 20px,文字上方有一条粗细为 1px 的实线,颜色值为 #20B2AA;文字下方有一条粗细为 1px 的实线,颜色值为 #CCCCCC。
- 设置有序列表的样式,列表文字的行距为 40px,每行列表文字的下方均有一条粗细为 1px 的实线,颜色值为 #20B2AA。

图 6-4-1 "新闻排行榜"网页浏览效果

任务实施

1. 定义站点和新建网页文件

在本地硬盘中创建 unit06 文件夹,将该文件夹作为站点,在该文件夹中新建网页文件 web06-4.html。

2. 修改网页结构和样式

(1)打开新建的网页文件 web06-4.html,修改网页结构,代码如下:

```html
<div id="newlist">
    <h3>新闻排行榜 </h3>
    <ol>
        <li><a href="#">新能源汽车产业进入加速调整期          </a> </li>
        <li><a href="#">每年 3 万多吨餐厨废弃物，如何处……</a> </li>
        <li><a href="#">加强绿道建设，服务人民新生活       </a> </li>
        <li><a href="#">河水治污走捷径，治理有妙招……  </a> </li>
        <li><a href="#">秸秆禁烧小常识，快来看看！         </a> </li>
        <li><a href="#">三年打造全国节能减排示范城市        </a> </li>
        <li><a href="#">生态环境部通报 7 月空气质量状况……</a> </li>
    </ol>
</div>
```

（2）设置全局的样式，将所有元素的 margin、padding 属性的值清零，以便后面的设置，代码如下：

```css
*{
    margin: 0;
    padding: 0;
}
```

"*"是通配符，代表网页中的所有元素。通过设置"*"的样式可以匹配网页中的所有元素，可以用来重置浏览器的样式或设置全局的通用样式。

（3）设置布局的样式，代码如下：

```css
#newlist{
    width: 300px;
    margin: 100px auto;
}
```

（4）设置标题的样式，代码如下：

```css
#newlist h3{
    height: 40px;
    line-height: 40px;
    text-align: center;
    background: url(img/pic06-4.png);
    border-top: 1px solid #20B2AA;
    border-bottom: 1px solid #CCCCCC;
}
```

（5）设置列表的样式，代码如下：

```css
#newlist ol{
```

```
    list-style-position:inside;
}
```

（6）设置列表项的样式，代码如下：

```
#newlist ol li{
    line-height: 40px;
    border-bottom: 1px solid #20B2AA ;
}
```

（7）设置链接样式，代码如下：

```
a{
    text-decoration: none;
    color: #333333;
}
a:hover{
    color: #20B2AA;
}
```

（8）保存文件。

知识链接

1. list-style-type 属性

list-style-type 属性的值及描述如表 6-4-1 所示。

表 6-4-1　list-style-type 属性的值及描述

list-style-type 属性的值	描述
decimal	标记是数字
decimal-leading-zero	以 0 开头的数字标记，如 01、02、03 等
lower-roman	小写罗马数字，如 i、ii、iii 等
upper-roman	大写罗马数字，如 I、II、III 等
lower-alpha	小写英文字母，如 a、b、c 等
upper-alpha	大写英文字母，如 A、B、C 等
lower-greek	小写希腊字母，如 alpha、beta、gamma 等
lower-latin	小写拉丁字母，如 a、b、c 等
upper-latin	大写拉丁字母，如 A、B、C 等

例如：

```
ol {list-style-type:decimal;}
```

```
ol {list-style-type:lower-roman;}  /* 小写罗马数字 */
ol {list-style-type:upper-alpha;}  /* 大写英文字母 */
```

2. list-style-position 属性

list-style-position 属性用于设置列表项前面项目符号的位置。list-style-position 属性的值及描述如表 6-4-2 所示。

表 6-4-2　list-style-position 属性的值及描述

list-style-position 属性的值	描述
outside	将列表项前面的项目符号设置在外面
inside	将列表项前面的项目符号设置在里面

list-style-position 属性的默认值是 outside，表示标签位于文本的左侧，列表项标签放在文本以外，且环绕文本不根据标签对齐，效果如图 6-4-2 所示。

设置 list-style-position 属性的值为 inside，表示列表项标签放在文本以内，且环绕文本根据标签对齐，效果如图 6-4-3 所示。

图 6-4-2　设置 list-style-position 属性的值为 outside 的效果

图 6-4-3　设置 list-style-position 属性的值为 inside 的效果

学习任务五　图像列表项标签

任务描述

制作"环保宣言"网页，网页浏览效果如图 6-5-1 所示（文件名：web06-5.html）。

具体要求如下。

- 最外层 <div> 标签的宽度为 350px，浏览时居中。
- 网页中所有文字的字体均为微软雅黑。
- 栏目标题文字"环保宣言"的大小为 10px，外边距为 10px。
- 无序列表的项目符号为外部图像文件。
- 设置列表的样式，文字的行高为 28px，每行列表文字下方均有一条粗细为 1px 的虚线，颜色值为 #D3D3D3。

图 6-5-1 "环保宣言"网页浏览效果

任务实施

1. 定义站点和新建网页文件

在本地硬盘中创建 unit06 文件夹，将该文件夹作为站点，在该文件夹中新建网页文件 web06-5.html。

2. 修改网页结构和样式

（1）打开新建的网页文件 web06-5.html，修改网页结构，代码如下：

```
<div id="newlist2">
    <h3>环保宣言</h3>
    <ul>
        <li><a href="#">节约用电，离开教室时关灯   </a></li>
        <li><a href="#">节约用水，用完及时关闭水龙头     </a></li>
        <li><a href="#">节约粮食，光盘不剩饭  </a></li>
        <li><a href="#">爱护动植物，不践踏绿地   </a></li>
        <li><a href="#">参与环保行动，积极宣传环保   </a></li>
    </ul>
</div>
```

（2）设置全局的样式，将所有元素的 padding、margin 属性的值清零，代码如下：

```
*{
    padding: 0;
    margin: 0;
}
```

（3）设置布局的样式，代码如下：

```css
#newlist{
    width: 350px;
    margin: 100px auto;
}
```

（4）设置列表的样式，代码如下：

```css
#newlist2 ul{
    list-style-image: url(img/listbg1.png);
    list-style-position: inside;
}
```

（5）设置列表项的样式，代码如下：

```css
#newlist2 li{
    line-height: 28px;
    margin-bottom: 10px;
    border-bottom: 1px dashed #D3D3D3;
}
```

（6）设置链接样式，代码如下：

```css
a{
    text-decoration: none;
    color: black;
}
#newlist2 a:hover{
    color: #20B2AA;
}
```

（7）保存文件。

知识链接

1. 将图像设置为列表项的项目符号

将图像设置为列表项的项目符号，一般常用的方法有两种。一种是使用 list-style-image 属性将图像设置为列表项的项目符号；另一种是将图像设置为列表项的背景图像。

1）list-style-image 属性

list-style-image 属性用于设置列表样式的图像属性。

其基本语法如下：

```
list-style-image: none | <url>
```

none：默认值。

<url>：作为列表项标签的图像的地址。

例如，list-style-image: url(img/listbg1.png);，一般图像的大小在 30px 以内。

2）将图像设置为列表项的背景图像

实际上，大多数网页中排列整齐且效果精致的项目符号图像并不是使用 list-style-image 属性来定义的，而是通过对列表项进行背景图像设置来实现的。

其操作步骤如下。

（1）使用 list-style-type : none ;，将列表项的默认项目符号删除。

（2）为列表项设置背景图像。

（3）设置 CSS 的背景属性，定位背景图像，形成项目符号的效果。

例如，设置背景图像不重复效果的代码为 background-repeat : no-repeat ;；设置精确的背景定位效果的代码为 background-position。

（4）使用 padding-left 属性设置背景图像与列表文字之间的距离。

其代码如下：

```
#newlist2 ul{
        list-style-type: none;
        list-style-position: inside;
}
#newlist2 li{
        line-height: 28px;
        padding-left: 30px;
        margin-bottom: 10px;
        border-bottom: 1px dashed #D3D3D3;
        background: url(img/listbg1.png) no-repeat -5px 3px;
}
```

2. list-style 属性

list-style 属性是复合属性，可以在一个声明中设置所有列表项的属性。例如，按照顺序设置属性，代码如下：

```
list-style-type
list-style-position
list-style-image
```

其基本语法如下：

```
list-style: [list-style-type][list-style-image][list-style-position];
```

例如：

```
list-style: none url(img/flower.png) inside;
```

当然，也可以只设置部分值，使用简写方式最少要设置一个属性，未设置的属性会使用其默认值。例如，把图像设置为列表中的列表项标签，代码如下：

```
ul{
    list-style: url(img/flower.png);
}
```

首页中的很多栏目、信息列表或菜单导航，均可以使用列表实现。由于经常删除项目符号，因此经常使用如下设置：

```
list-style:none;
```

相当于如下设置：

```
list-style-type: none;
list-style-position: none;
list-style-image: none;
```

单元小结

本单元介绍了如何在网页中插入列表、列表标签和列表在网页中的应用，如列表图文混排的布局，详细解释了 CSS 中列表的属性，特别是列表的项目符号的设置。可以使用 CSS 的列表属性指定项目符号，也可以将图像设置为列表项的背景图像，以实现项目符号的效果。通过本单元学习，学生可以掌握使用列表进行布局的方法和列表的常见样式。

实 践 任 务

（1）制作"我的作品"网页，设置列表嵌套，网页浏览效果如图 6-6-1 所示（文件名：ex06-1.html）。

具体要求如下。

- `<div>` 标签的宽度为 800px，浏览时居中，所有文字的字体均为微软雅黑。
- 标题文字"我的作品"的大小为 24px，其余文字的大小为 14px，行高为 28px，颜色值为 #0099FF。
- 第 1 层列表是有序列表，项目符号为数字。
- 第 2 层列表是无序列表，项目符号为空心圆和实心方块。
- 第 3 层列表是有序列表，项目符号为大写罗马数字。

图 6-6-1 "我的作品"网页浏览效果

（2）制作"热点专题"网页，设置列表的样式，网页浏览效果如图 6-6-2 所示（文件名：ex06-2.html）。

具体要求如下。

- `<div>` 标签的宽度为 450px。
- 文字的大小分别为 24px 和 14px，字体均为微软雅黑。

- 设置项目符号。
- 设置线框颜色、粗细。
- 设置文字与线框的距离。

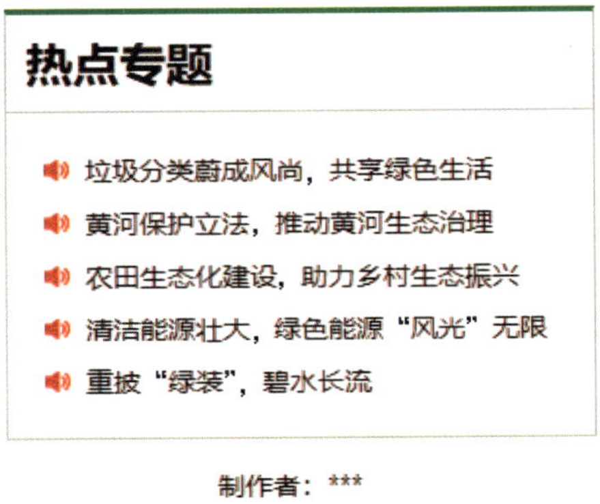

图 6-6-2 "热点专题"网页浏览效果

第七单元 网页导航栏

单元学习目标

- 熟练掌握链接文本样式。
- 熟练掌握一个网页的多种链接样式。
- 掌握纵向导航栏和横向导航栏的制作方法。
- 掌握网页中常见导航栏的制作方法。

单元学习内容

超链接是网页中十分重要的元素之一，网站中的每个网页都是通过超链接的形式联系在一起的。超链接是由 <a> 标签组成的，指从一个网页指向一个目标的链接关系，这个目标可以是另一个网页，也可以是相同网页上的不同位置，还可以是一个图像、一个电子邮件地址、一个文件，甚至是一个应用程序，而用来超链接的对象，可以是一段文本或一个图像。

添加了超链接的文字具有自己的样式，从而和其他文字有区别，其中默认链接样式为文字颜色为蓝色，有下画线。通过 CSS 可以修饰超链接，从而达到美观的效果。

学习任务一　链接文本样式

任务描述

制作"网络管理与维护"网页，网页浏览效果如图 7-1-1 所示。分别创建图像链接和文字链接，并设置链接样式，效果如图 7-1-2 和图 7-1-3 所示（文件名：web07-1.html，子页文件名：web07-1-1.html，保存在 files07 文件夹中）。具体要求如下。

- 在网页中添加文字和图像，将图像和图像下面的说明文字链接至 file07 文件夹中的网页文件 web07-1-1.html，所有列表文字设置为空链接。
- 网页最外层 <div> 标签的宽度为 380px，<div> 标签带有粗细为 1px 的实线边框，颜色值为 #CCCCCC，浏览时居中。
- 网页中的所有文字的字体均为微软雅黑，红色的栏目标题文字的大小为 20px，颜色值为 #024A9E，文字的下方有一条粗细为 1px 的实线，颜色值为 #CCCCCC。

图 7-1-1 "网络管理与维护"网页浏览效果

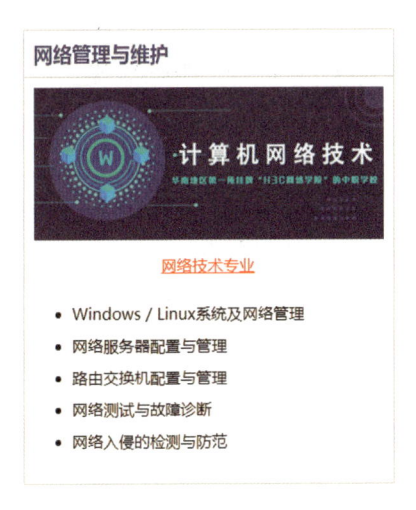

图 7-1-2 光标经过链接文本"网络技术专业"的效果

图 7-1-3 光标经过链接文本"网络服务器配置与管理"的效果

- 图像下面一行说明文字"网络技术专业"的大小为 16px，居中，当光标经过该行文字或单击该行文字时，文字的颜色值为 #DD0000，有下画线。单击该行文字，会在新的浏览窗口中打开子页文件 web07-1-1.html。
- 为所有列表文字添加空链接。在浏览网页时，列表文字的大小为 16px，颜色为黑色，无下画线。当光标经过列表文字或单击列表文字时，文字的颜色值为 #DD0000，有下画线。

- 子页文件 web07-1-1.html 的浏览效果如图 7-1-4 所示。网页中主体内容的大小为 800px，浏览时居中。所有文字的字体均为微软雅黑，标题文字的大小为 20px，颜色值为 #DD0000，文字"专业介绍""就业方向"的大小均为 18px，其余文字的大小为 16px，设置适当的行距。

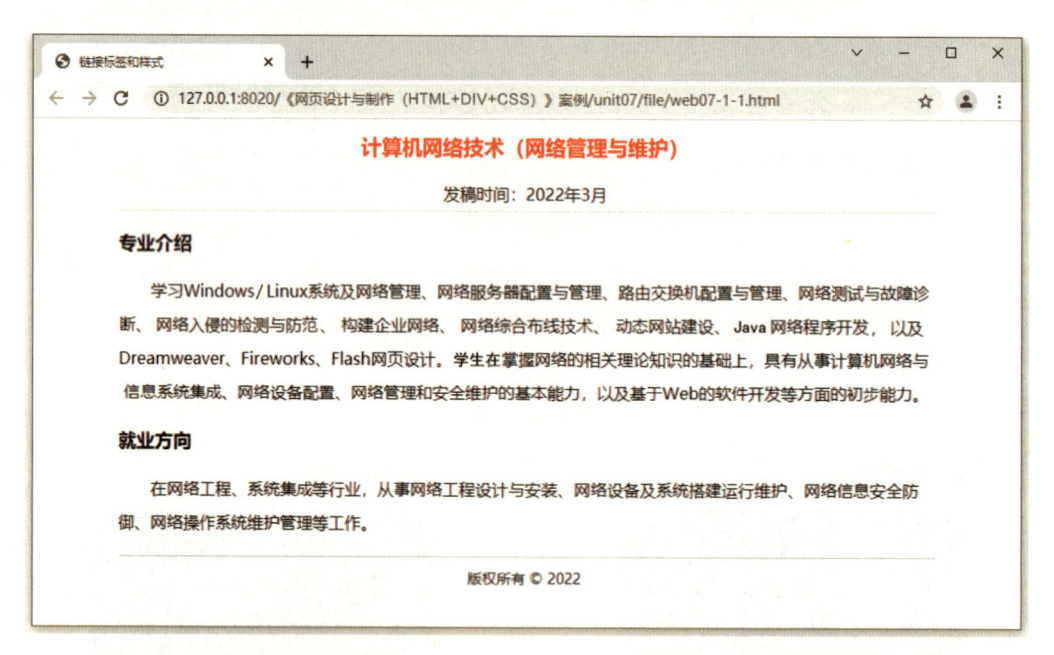

图 7-1-4　子页文件 web07-1-1.html 的浏览效果

任务实施

1. 定义站点和新建网页文件

在本地硬盘中创建 unit07 文件夹，将该文件夹作为站点，在该文件夹中新建文件夹 img 和 file，将所需的图像素材文件复制至 unit07 文件夹的 img 文件夹中，在 file 文件夹中新建网页文件 web07-1-1.html（该网页制作的方法省略），在 unit07 文件夹中新建网页文件 web07-1.html。

2. 分析网页结构

整个网页放在 #box 的 <div> 标签中，包含栏目标题和栏目主要内容两个部分。

栏目标题使用 <div> 标签或 <h1> 标签。栏目主要内容使用 id 为 main 的 <div> 标签。图 7-1-5 所示为网页结构。

3. 修改网页结构和样式

（1）打开新建的网页文件 web07-1.html，参照图 7-1-1 和图 7-1-5 修改网页结构，代码如下：

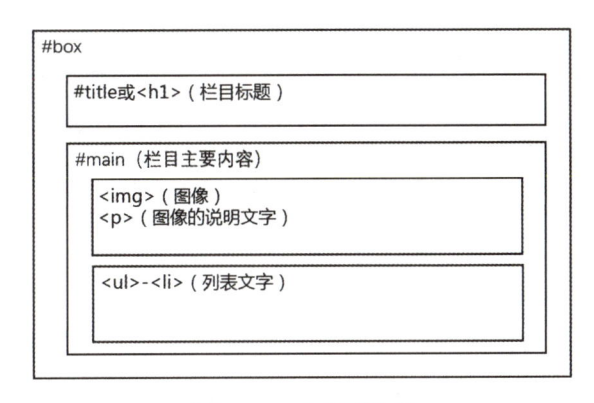

图 7-1-5　网页结构

```
<body>
    <div id="box">
        <h1> 网络管理与维护 </h1>
        <div id="main">
            <div id="pic">
                <img src="img/pic07-1.png"/>
                <p> 网络技术专业 </p>
            </div>
            <ul>
                <li>Windows / Linux 系统及网络管理 </li>
                <li> 网络服务器配置与管理 </li>
                <li> 路由交换机配置与管理 </li>
                <li> 网络测试与故障诊断 </li>
                <li> 网络入侵的检测与防范 </li>
            </ul>
        </div>
</body>
```

（2）设置 <body> 标签的样式和 <div> 标签 #box 的样式，代码如下：

```
body{
    font-family: " 微软雅黑 ";
    font-size: 16px;
}
#box{
    width: 380px;
    margin: 0 auto;
    border: solid 1px #CCCCCC;
}
```

（3）设置标题的样式，代码如下：

```
h1{
    margin:0;
    font-size: 20px;
    color: #024A9E;
    padding: 10px;
    border-bottom: solid 1px #CCCCCC;
}
```

（4）设置 #main 中图像的说明文字、项目列表的样式，代码如下：

```
#main{
    padding: 10px;
}
#pic{
    text-align: center;
}
#main li{       /*复合选择器的 CSS 样式，作用于 #main 下面的 <li> 标签上 */
    line-height:2em;
}
```

（5）设置链接样式，将图像链接至子页，在原窗口中打开子页文件；将图像中的说明文字链接至子页，在新窗口中打开子页文件；为列表文字设置空链接，代码如下：

```
<div id="pic">
    <a href="file/web07-1-1.html"><img src="img/pic07-1.png"/></a>
    <p><a href="file/web07-1-1.html" target="_blank">网络技术专业</a></d>
</div>
<ul>
    <li><a href="">Windows / Linux 系统及网络管理 </a></li>
    <li><a href=""> 网络服务器配置与管理 </a></li>
    <li><a href=""> 路由交换机配置与管理 </a></li>
    <li><a href=""> 网络测试与故障诊断 </a></li>
    <li><a href=""> 网络入侵的检测与防范 </a></li>
</ul>
```

（6）设置所有链接文本的样式，代码如下：

```
a{              /*链接文本通用样式和初始样式 */
    font-size: 16px;
```

```
    line-height: 32px;
    color: #000000;
    text-decoration: none;
}
a:link{                    /* 未被访问的链接文本的样式 */
    color: #000000;
    text-decoration: none;
}
a:visited{                 /* 已被访问的链接文本的样式 */
    color: #000000;
    text-decoration: none;
}
a:hover{                   /* 光标经过链接文本的样式 */
    color: #DD0000;
    text-decoration: underline;
}
a:active{                  /* 正在访问即按下鼠标左键未释放的链接文本的样式 */
    color: #DD0000;
    text-decoration: underline;
}
```

（7）保存文件，并完成子页样式的设置。

知识链接

链接文本样式

对于超链接的修饰，通常可以采用 CSS 伪类。CSS 伪类用来添加一些选择器的特殊效果。在支持 CSS 的浏览器中，链接的不同状态都可以使用不同的方式显示。伪类及用途如表 7-1-1 所示。

表 7-1-1 伪类及用途

伪类	用途
a:link	定义 a 对象在未被访问时的样式
a:visited	定义 a 对象在其链接地址已被访问的样式
a:hover	定义 a 对象在其光标悬停时的样式
a:active	定义 a 对象在被激活时的样式（按下鼠标左键未释放的效果）

在 CSS 中，a:hover 必须被置于 a:link 和 a:visited 之后才有效，a:active 必须被置于 a:hover 之后才有效。

学习任务二　一个网页的多种链接样式

任务描述

制作"旅游热点"网页，分别完成两种不同的链接样式的设置，网页浏览效果如图 7-2-1 所示（文件名：web07-2.html）。

具体要求如下。

- 最外层 <div> 标签的宽度为 300px，浏览时居中。
- 设置 <div> 标签的边框，左、右、下边框是粗细为 1px 的实线，线条颜色为浅灰色（颜色值为 #CCCCCC）；上边框是粗细为 5px 的实线，线条颜色为橙色（颜色值为 #FF9900）。
- 所有文字的字体均为微软雅黑；栏目标题文字"旅游热点"的大小为 18px，颜色值为 #666666；文字"更多"的大小为 14px；列表文字的大小为 14px；项目符号的颜色值为 #FF9900。
- 为文字"更多"添加空链接。设置链接样式，链接文本的颜色为橙色，无下画线。当光标经过文字"更多"时，文字颜色为灰色（颜色值为 #666666），有下画线，如图 7-2-2 所示。在文字"更多"上按下鼠标左键和释放鼠标左键后，文字"更多"的颜色为橙色，没有下画线，如图 7-2-1 所示。
- 为所有列表文字添加空链接。设置链接样式，文字的颜色为灰色（颜色值为 #666666），无下画线。当光标经过列表文字时，文字的颜色值为 #FF9900，有下画线，如图 7-2-3 所示。在列表文字上按下鼠标左键或释放鼠标左键后，列表文字的颜色为灰色（颜色值为 #666666），无下画线。

图 7-2-1　"旅游热点"网页效果

图 7-2-2　光标经过文字"更多"时的效果　　图 7-2-3　光标经过列表文字时的效果

任务实施

1. 新建网页文件

在 unit07 文件夹中新建网页文件 web07-2.html。

2. 分析网页结构

分析可知，网页由两部分组成，即栏目标题和栏目主要内容，两部分放在一对 <div> 标签内，id 为 box，如图 7-2-4 所示。

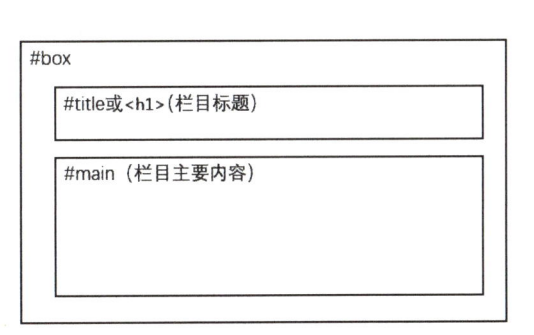

图 7-2-4　网页结构

3. 修改网页结构和样式

（1）打开新建的网页文件 web07-2.html，修改网页结构，代码如下：

```
<body>
    <div id="box">
        <div id="title">旅游热点 <a href=" "> 更多 </a></div>
        <div id="main">
            <ul>
                <li><a href=" "> 冬季的阿克库勒湖，宛若进入仙境一般 </a></li>
                <li><a href=" "> 重庆私藏小众景点，等你去发现 </a></li>
                <li><a href=" "> 四川广安：金秋时节天池美 </a></li>
                <li><a href=" "> 中国最美的 12 个地方，去过一半此生无憾 </a></li>
                <li><a href=" "> 梅里归来不看雪山，既高冷又温暖 </a></li>
```

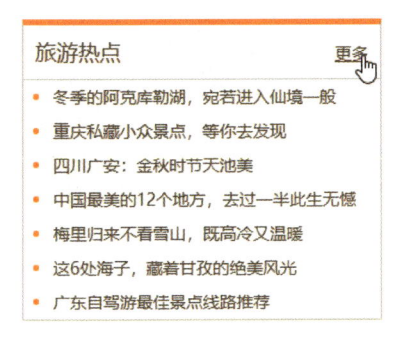

```html
                <li><a href=" ">这6处海子，藏着甘孜的绝美风光</a></li>
                <li><a href=" ">广东自驾游最佳景点线路推荐</a></li>
            </ul>
        </div>
    </div>
</body>
```

（2）设置 #box 和栏目标题的样式，代码如下：

```css
h1,p,ul{            /* 清除<h1>、<p>、<ul>标签的外边距和内边距 */
    margin: 0;
    padding: 0;
}
```

```css
#box{
    width: 300px;
    margin: 0 auto;
    border: solid 1px #CCCCCC;
    border-top:solid 5px #FF9900;
    font-family: "微软雅黑";
}
```

```css
#title{
    font-size: 18px;
    padding: 10px;
    border-bottom: solid 1px #CCCCCC;
    color: #666666;
}
```

（3）设置栏目主要内容的样式，代码如下：

```css
#main ul{
    margin-left: 25px;
}
```

```css
#main li{
    color: #FF9900;
    font-size: 14px;
    line-height: 28px;
}
```

（4）设置栏目标题文字"更多"的样式，代码如下：

```css
#title a{
    font-size: 14px;
```

```css
    margin-left: 180px;    /* 文字"更多"与左侧文字"旅游热点"的距离 */
    color: #FF9900;
    text-decoration: none;
}

#title a:link{
    color: #FF9900;
    text-decoration: none;
}

#title a:visited{
    color: #FF9900;
    text-decoration: none;
}

#title a:hover{
    color: #666666;
    text-decoration: underline;
}

    #title a:active{
        color: #FF9900;
        text-decoration: none;
    }
```

（5）设置栏目主要内容中链接文本的样式，代码如下：

```css
#main a{
    color: #666666;
    text-decoration: none;
}

#main a:link{
    color: #666666;
}

#main a:visited{
    color: #666666;
}

#main a:hover{
    color: #FF9900;
    text-decoration: underline;
}

#main a:active{
```

```
    color: #666666;
}
```

(6）保存文件。

知识链接

网页中通过 a、a:link、a:visited、a:hover、a:active 实现链接效果。由于整套链接样式适用于网页中的所有链接文本，因此整个网页中不同的链接文本的链接效果是一样的。如果一个网页中的链接文本需要有不一样的链接效果，那么应该先将不同效果的链接文本分别放在不同的容器，如 <div>、<p>、<ul> 标签中。在定义链接样式时，应使用复合选择器的 CSS 定义的方法，注明链接样式所属的容器。例如：

```
<div id="top">
    <a href="http://www.gzeis.eud.cn">学校网站 </a>
    <a href="mailto:gzeis@163.com">联系我们 </a>
</div>
<div id="bottom">
    <a href="http://jyj.gz.gov.cn/">友情链接 </a>
</div>
```

因为文字"学校网站"和"联系我们"的链接样式与文字"友情链接"的链接样式不同，所以可以分别定义两个不同的链接样式，代码如下：

```
/* 文字"学校网站"和"联系我们"的链接样式 */
#top a{ }
#top a:link{ }
#top a:visited{ }
#top a:hover{ }
#top a:active{ }

/* 文字"友情链接"的链接样式 */
#bottom a{ }
#bottom a:link{ }
#bottom a:visited{ }
#bottom a:hover{ }
#bottom a:active{ }
```

学习任务三　纵向导航栏

任务描述

制作网页，网页浏览效果如图 7-3-1 所示（文件名：web07-3.html）。

具体要求如下。

- 最外层 <div> 标签的宽度为 220px，浏览时居中。
- 所有文字的字体均为微软雅黑，大小均为 18px。
- 为纵向导航栏文字添加空链接，并设置链接样式，文字颜色为白色，左边框的颜色值为 #10616B，下边框的颜色为白色。
- 图 7-3-1 所示为光标未经过文字时的效果，背景颜色值为 #00BCD4。图 7-3-2 所示为光标经过文字时的效果，背景颜色值为 #10616B。

图 7-3-1　网页浏览效果

图 7-3-2　光标经过文字时的效果

任务实施

1. 新建网页文件

在 unit07 文件夹中新建网页文件 web07-3.html。

2. 分析网页结构

在制作纵向导航栏的网页时，常常使用项目列表的样式。

3. 修改网页结构和样式

（1）打开新建的网页文件 web07-3.html，修改网页结构。在这里使用类选择器定义最外层 <div> 标签，网页结构代码如下：

```
<div class="link">
    <ul>
        <li><a href=""> 神秘的宇宙 </a></li>
        <li><a href=""> 美丽的地球 </a></li>
```

```html
        <li><a href="">有趣的植物</a></li>
        <li><a href="">可爱的动物</a></li>
        <li><a href="">未解的谜团</a></li>
    </ul>
</div>
```

(2) 完成网页基本样式的设置，代码如下：

```css
*{                    /* 清除网页中所有对象的外边距与内边距 */
    margin: 0;
    padding: 0;
}

body{
    font-family: "微软雅黑";
}

.link{
    width: 220px;
    margin: 10px auto;
}

.link ul{
    list-style-type: none;
}

.link li{
    border-bottom: solid 1px #FFFFFF;
}
```

(3) 完成链接样式的设置，代码如下：

```css
.link a{
    display: block;
    font-family: "微软雅黑";
    font-size: 18px;
    text-decoration: none;
    color: #FFFFFF;
    background-color: #00BCD4;
    padding: 10px 20px;
    border-left: solid 5px #10616B;
}

/* 链接的3种状态效果是一样的，可以一起设置样式 */
.link a:link,.link a:visited,.link a:active{
    background-color: #00BCD4;
```

```
    padding: 10px 20px;
}
.link a:hover{
    background-color: #10616B;
    padding: 10px 60px;
}
```

（4）保存文件。

知识链接

1. 行内元素与块级元素的区别

在学过的标签中，<a> 和 <span> 标签是行内元素，<div>、<p>、<ul>、<li>、<table> 标签是块级元素，两类元素有以下的区别。

（1）行内元素不会换行，块级元素本身带有换行功能。

（2）行内元素对 width 和 height 属性定义的宽度和高度无效，宽度和高度与行内元素中的实际内容的宽度和高度一致。块级元素对 width 和 height 属性定义的宽度和高度有效，在不定义宽度时，其宽度与父元素的宽度一致；在不定义高度时，其高度由块级元素中的内容高度决定。

2. 行内元素与块级元素的转换

行内元素与块级元素可以互相转换。行内元素可以通过 display:block; 转换为块级元素，转换后的特点与块级元素一样，也可以通过 display:inline-block; 转换为行内块级元素，转换后仍然不换行，但对 width 和 height 属性的设置有效。

块级元素要转换为行内元素，可以通过 display: inline; 实现，转换后的特点与行内元素一样。

部分 display 属性的值及描述如表 7-3-1 所示。

表 7-3-1　部分 display 属性的值及描述

display 属性的值	描述
none	不显示
block	将显示为块级元素，此元素前、后会带有换行符

续表

display 属性的值	描述
inline	默认值，显示为行内元素，元素前、后没有换行符
inline-block	作为行内块级元素显示
list-item	作为列表显示
table	作为块级表格显示（类似于 <table> 标签），表格前、后带有换行符
inline-table	作为内联表格显示（类似于 <table> 标签），表格前、后没有换行符
table-cell	作为一个表格单元格显示（类似于 <td> 和 <th> 标签）

3. 纵向导航栏的制作要点

（1）在制作纵向导航栏的网页结构时，常常使用项目列表的样式。

（2）纵向导航栏的样式书写有一定的规律。在书写 <ul> 标签的样式时要去掉项目符号，在书写其余链接文本的样式时使用由 <a> 标签的样式和 4 个伪类样式。a 用于实现链接文本的初始状态效果和通用效果，a:hover 用于实现光标经过时的效果，a:link、a:visited、a:active 常见的效果与初始效果相同。

（3）如果链接有背景颜色或线框，那么一定要使用 display:block; 将行内元素转换成块级元素，以便根据实际效果设置 <a> 标签的宽度和高度，并使用 padding 属性设置线框与其中链接文本的间隔。

学习任务四　横向导航栏

任务描述

制作网页，网页浏览效果如图 7-4-1 所示（文件名：web07-4.html）。

具体要求如下：

- 导航栏的宽度为 1000px，浏览时居中。
- 网页中所有文字的字体均为微软雅黑，大小均为 14px。
- 为导航栏中的每项内容添加空链接。
- 设置链接样式，链接文本的字体为微软雅黑，大小为 18px，颜色为白色，背景颜色值为 #00BCD4。当光标经过导航栏中的某项内容时，背景颜色值为#10616B。图 7-4-2 所示为光标经过文字"人才培养"时的效果。

图 7-4-1　网页浏览效果

图 7-4-2　光标经过文字"人才培养"时的效果

任务实施

1. 新建网页文件

在 unit07 文件夹中新建网页文件 web07-4.html。

2. 分析网页结构

网页包含两部分内容,即横向导航栏和版权信息,横向导航栏的结构使用列表实现,如图 7-4-3 所示。

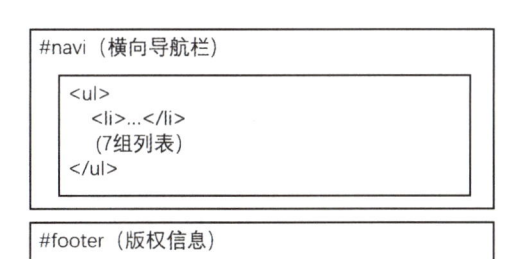

图 7-4-3　网页结构

3. 修改网页结构和样式。

(1) 打开新建的网页文件 web07-4.html,修改网页结构,代码如下:

```html
<body>
    <div id="navi">
        <ul>
            <li><a href="">学校概况</a></li>
            <li><a href="">人才培养</a></li>
            <li><a href="">专业建设</a></li>
            <li><a href="">教改教研</a></li>
            <li><a href="">教工之家</a></li>
            <li><a href="">家校园地</a></li>
            <li><a href="">党建工作</a></li>
        </ul>
    </div>
```

```html
<div id="footer">版权所有 &copy; 2022</div>
```

（2）样式的书写顺序为从全局到局部，从外到内。完成网页基本样式的设置，设置横向导航栏的宽度和位置，代码如下：

```css
*{
    margin: 0;
    padding: 0;
}
body{
    font-family: "微软雅黑";
    font-size: 14px;
}
#navi{
    width: 1000px;
    margin: 20px auto;
}
```

（3）设置横向导航栏的链接样式，代码如下：

```css
#navi ul{
    list-style-type: none;
}
#navi li{
    float: left;
}
#navi a{
    display: block;
    font-size: 18px;
    padding: 10px 35px;
    color: #FFFFFF;
    background-color: #00BCD4;
    text-decoration: none;
}
#navi a:link,#navi a:visited,#navi a:active{
    background-color: #00BCD4;
}
#navi a:hover{
    background-color: #10616B;
}
```

（4）由于在进行左浮动后，后面的内容会以围绕的方式移动到列表的右侧，实现列表横排的效果，因此包括最后一个列表在进行浮动后，其后面的版权信息文字会移动到最后一个列表的右侧，此时需要清除左浮动对它的影响，代码如下：

```css
#footer{
    clear: left;
    text-align: center;
}
```

（5）保存文件。

知识链接

1. 横向导航栏的制作要点

（1）按照纵向导航栏的制作要点，制作完成纵向导航栏。

（2）为每个列表使用左浮动的样式，将纵向导航栏转换为横向导航栏，即 li{ float: left; }。

（3）由于每个列表均为左浮动，最后一个列表后面的结构内容也会受到左浮动的影响，因此紧跟着最后一个列表的元素需使用 clear:left; 清除左浮动对它的影响。

2. clear 属性

在元素浮动之后，周围的元素会重新排列。为了避免这种情况，可以使用 clear 属性。clear 属性用于指定元素两侧不能出现浮动元素，即清除以上元素浮动对它的影响。表 7-4-1 所示为 clear 属性的值及描述。

表 7-4-1　clear 属性的值及描述

clear 属性的值	描述
left	不允许在左侧出现浮动元素
right	不允许在右侧出现浮动元素
both	在左、右两侧均不允许出现浮动元素
none	默认值，允许浮动元素出现在左、右两侧
inherit	规定从父元素中继承 clear 属性的值

学习任务五　常见网页导航栏的制作

任务描述

制作"电子信息技术学校"网页，网页浏览效果如图 7-5-1 所示（文件名：web07-5.html）。

具体要求如下。

- 设置网页的 Logo、导航栏、banner 栏，为导航栏的文字添加空链接。
- 网页 banner 图像的宽度为 1000px，导航栏的深灰色背景颜色块与浏览器的宽度一样。
- 设置导航栏的链接样式，导航栏文字的大小为 16px，字体为微软雅黑。
- 导航栏的深灰色背景颜色值为 #343434，当光标经过导航栏中任意文字时，背景颜色变为不透明度为 0.8 的白色，文字颜色值为 #333333。光标经过文字"学校概况"时的效果如图 7-5-2 所示。

图 7-5-1　"电子信息技术学校"网页浏览效果

图 7-5-2　光标经过文字"学校概况"时的效果

任务实施

1. 新建网页文件

将所需的图像素材文件复制至 unit07 文件夹的 img 文件夹中，在 unit07 文件夹中新建网页文件 web07-5.html。

2. 分析网页结构

设置网页 banner 图像的宽度为 1000px 并居中，Logo 图像与 banner 图像左对齐，Logo 图像所在 <div> 标签的宽度为 1000px，并浏览时居中。导航栏的深灰色背景的宽度是 100%，由于导航文字开始部分与 Logo 图像和 banner 图像左对齐，并不是从浏览器的最左侧开始的，因此导航栏部分由两对 <div> 标签嵌套完成，外面一对 <div> 标签用于设置背景颜色，里面一对 <div> 标签用于设置导航栏文字。网页结构如图 7-5-3 所示。

图 7-5-3 网页结构

3. 修改网页结构和样式

（1）打开新建的网页文件 web07-5.html，修改网页结构，代码如下：

```
<div id="logo">
    <img src="img/pic07-5-1.jpg"/>
</div>
<div id="navi-bg">
    <div id="navi">
        <ul>
            <li><a href=""> 首页 </a></li>
            <li><a href=""> 学校概况 </a></li>
            <li><a href=""> 人才培养 </a></li>
            <li><a href=""> 专业建设 </a></li>
            <li><a href=""> 教研教改 </a></li>
            <li><a href=""> 教工之家 </a></li>
            <li><a href=""> 家校园地 </a></li>
            <li><a href=""> 党建工作 </a></li>
            <li><a href=""> 智慧校园 </a></li>
        </ul>
    </div>
</div>
<div id="banner"><img src="img/pic07-5-2.jpg"/>         </div>
```

（2）设置全局的样式，完成各对 <div> 标签的设置，代码如下：

```css
*{
    margin: 0;
    padding: 0;
}
#logo{
    width: 1000px;
    margin: 10px auto;
}
#navi-bg{
    height: 41px;
    background-color: #343434;
}
#navi{
    width: 1000px;
    margin: 0 auto;
}
#banner{
    clear: left;
    width: 1000px;
    margin: 0 auto;
}
#footer{
    text-align: center;
    font-size: 14px;
    margin-top: 20px;
}
```

（3）设置导航栏的链接样式，代码如下：

```css
#navi ul{
    list-style: none;
}
#navi li{
    float: left;
}
#navi a{
    display: block;
    font-family: "微软雅黑";
    font-size: 16px;
    color: #FFFFFF;
    padding: 10px 25px;
    text-decoration: none;
```

```
}
#navi a:link,#navi a:visited,#navi a:active{
    color: #FFFFFF;
}
#navi a:hover{
    /*背景颜色为白色，不透明度为0.8*/
    background-color: rgba(255,255,255,0.8);
    color: #333333;
}
```

（4）保存文件。

知识链接

常见的导航栏有两种，一种如图 7-5-4 所示，导航栏的宽度与 banner 栏和其他主要内容的宽度一致。

图 7-5-4　导航栏宽度与 banner 栏和其他主要内容的宽度一致

由于网页最外层使用一对 <div> 标签，网页中的 banner 栏和导航栏都包含在 #box 中，因此只需设置 #box 的宽度并设置其在浏览器的 #box 中居中，如图 7-5-5 所示。

另一种如图 7-5-1 所示，因为网页中的 Logo、导航栏、banner 栏等元素的宽度不一致，所以最外层不需要使用一对 <div> 标签将它们包含起来，而需要单独设置 Logo、导航栏、banner 栏等所在的 <div> 标签的宽度并分别设置各栏在浏览时居中。导航栏背景颜色的宽度与浏览器的宽度一致，而导航栏文字的宽度小一些，在网页中间。在设置这类导航栏时，就需要使用两对 <div> 标签。如图 7-5-6 所示，#navi-

图 7-5-5　网页结构

bg 用于定义导航栏的高度和背景颜色，不定义宽度，默认为 100%，与浏览器的宽度相同；#navi 用于定义导航栏文字的样式，定义该标签的宽度，浏览时 #navi 居中。

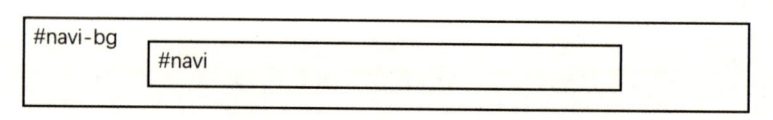

图 7-5-6　宽度为 100% 的导航栏网页结构

单元小结

本单元主要介绍了链接文本样式的设置方法和常见的网页导航栏的制作方法。通过本单元的学习，学生可以掌握各种导航栏的制作方法，初步了解网页结构的布局分析。

实践任务

（1）制作"学习"网页，并设置链接样式，网页浏览效果如图 7-6-1 所示（文件名：ex07-1.html）。

具体要求如下。

- 栏目宽度为 350px，浏览时居中，线框的颜色为浅灰色（颜色值为 #CCCCCC）。

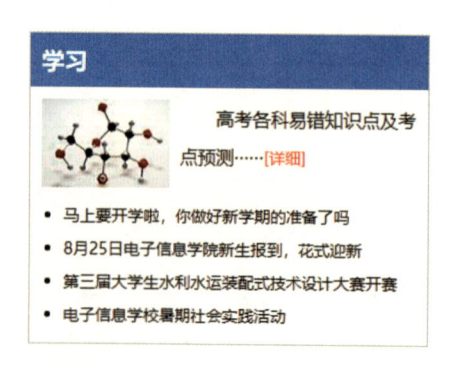

图 7-6-1　"学习"网页浏览效果

- 网页中所有文字的字体均为微软雅黑。
- 栏目标题文字"学习"的大小为 20px，加粗，颜色为白色，背景颜色为蓝色（颜色值为 #0099FF），图像旁边的文字"高考各科易错知识点及考点预测……"的大小为 16px。
- 所有链接文本的大小均为 14px。

- 为"[详细]"和列表中的文字添加空链接，并设置链接样式。光标经过文字"详细"时的效果如图 7-6-2 所示；光标经过列表中的第一行文字时的效果如图 7-6-3 所示。

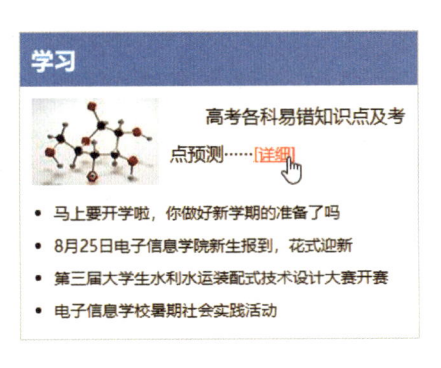

图 7-6-2　光标经过文字"详细"时的效果

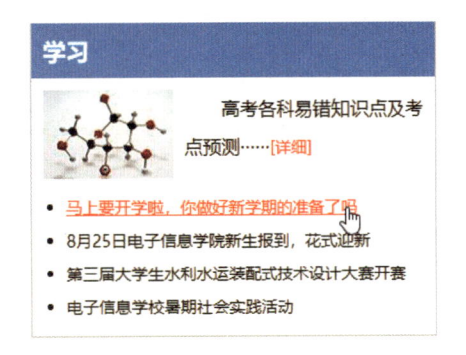

图 7-6-3　光标经过列表中的第一行文字时的效果

（2）在同一网页中设置两种不同的链接样式，效果如图 7-6-4 ～图 7-6-7 所示（文件名：ex07-2.html）。

具体要求如下。

- 导航栏的宽度为 200px。所有文字的字体均为微软雅黑，大小均为 16px。
- 背景颜色为蓝色（颜色值为 #0099FF）；背景颜色为橙色（颜色值为 #FF9900）。

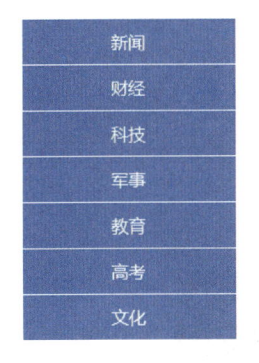

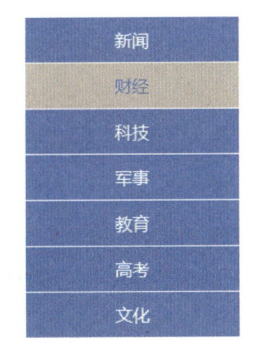

图 7-6-4　蓝色背景的纵向导航栏的效果　　图 7-6-5 蓝色背景的导航栏光标经过时的效果　　图 7-6-6 橙色背景的纵向导航栏的效果　　图 7-6-7 橙色背景的导航栏光标经过时的效果

（3）制作"横向导航栏"网页，网页浏览效果如图 7-6-8 所示（文件名：ex07-3.html）。

具体要求如下。

- 网页背景颜色值为 #0099FF。
- 制作横向按钮式导航栏，文字的颜色值为 #0099FF。
- 设置链接样式。光标经过文字"网站首页 Home"时的效果如图 7-6-9 所示。

图 7-6-8 "横向导航栏"网页浏览效果

图 7-6-9 光标经过文字"网站首页 Home"时的效果

（4）制作"网页导航栏"网页，网页浏览效果如图 7-6-10 所示（文件名：ex07-4.html）。

具体要求如下。

- 修改网页结构和样式，网页主体内容的宽度为 1000px。
- 导航栏文字的大小为 16px，背景颜色为红色（颜色值为 #15ABCA）。
- 设置链接样式。光标经过文字"旅游景区"时的效果如图 7-6-11 所示。

图 7-6-10 "网页导航栏"网页浏览效果

图 7-6-11　光标经过文字"旅游景区"时的效果

（5）制作"网页导航栏"网页，网页浏览效果如图 7-6-12 所示（文件名：ex07-5.html）。

具体要求如下。

- banner 栏的宽度为 1000px，根据该宽度确定导航栏文字的位置。
- 导航栏背景颜色值为 #343434，高度为 80px，文字的大小为 16px。
- 设置链接样式。光标经过文字"学校概况"时的效果如图 7-6-13 所示。

图 7-6-12　"网页导航栏"网页浏览效果

图 7-6-13　光标经过文字"学校概况"时的效果

第八单元 表格

单元学习目标

- 掌握表格标签。
- 掌握常用的表格样式。
- 了解表格布局方式。

单元学习内容

表格是一种组织整理数据的手段，主要承载数据的归纳、展示与对比的功能。表格在网页中占有较大的比重，在表格中可以放入其他元素，如文字、图像、表单，甚至是表格。表格可以将相关数据有序地排列显示。以前通过表格的嵌套、拆分、合并等方法，进行网页布局，这种表格布局方式的缺点是内容与样式不能分离，难以维护；现在这种表格布局方式已经被淘汰，使用DIV+CSS的方法进行布局。表格在网页中用于展示数据或存储数据。

学习任务一 表格网页

任务描述

制作表格网页，网页浏览效果如图8-1-1所示（文件名：web08-1.html）。

具体要求如下。

- 制作简单的双线表格。
- 文字的字体为微软雅黑，大小为16px。

计算机基础	网页制作	程序设计
100	100	100
90	90	90
80	80	80

图8-1-1 网页浏览效果

任务实施

1. 定义站点和新建网页文件

在本地硬盘中创建 unit08 文件夹，将该文件夹作为站点，在该文件夹中新建网页文件 web08-1.html。

2. 修改网页结构和样式

（1）打开新建的网页文件 web08-1.html，设置表格结构，输入文字，代码如下：

```
<table border=1>
    <tr>
        <td>计算机基础</td>
        <td>网页制作</td>
        <td>程序设计</td>
    </tr>
    <tr>
        <td>100</td>
        <td>100</td>
        <td>100</td>
    </tr>
    <tr>
        <td>90</td>
        <td>90</td>
        <td>90</td>
    </tr>
    <tr>
        <td>80</td>
        <td>80</td>
        <td>80</td>
    </tr>
</table>
```

（2）设置表格样式，代码如下：

```
body{
    font-size: 16px;
    font-family: "微软雅黑";
}
```

（3）保存文件。

知识链接

1. 表格

1）表格的组成

表格由若干行和列组成，横向为行，纵向为列，行与列相交的区域为单元格，每行由一个或多个单元格组成，如图 8-1-2 所示。

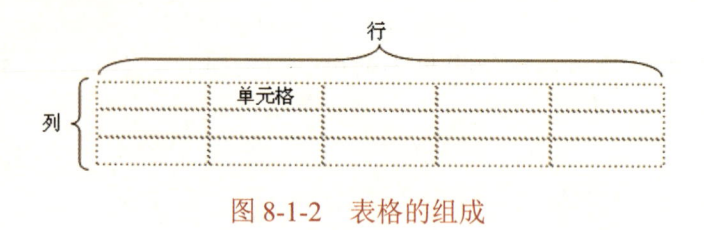

图 8-1-2　表格的组成

2）表格结构

表格结构如图 8-1-3 所示。

表格宽度：使用百分比和像素两种单位来设置。当设置表格宽度的单位为像素时，表示表格宽度固定；而当设置表格宽度的单位为百分比时，则按照浏览器窗口宽度的百分比指定表格宽度，表格宽度会随着浏览器窗口的大小而改变。

表格边框：在设置表格边框时，其粗细以像素为单位。

单元格边距（边界）：单元格边框与单元格内容之间距离的像素数，默认为 1px。

单元格间距（填充）：单元格与单元格之间距离的像素数，默认为 2px。

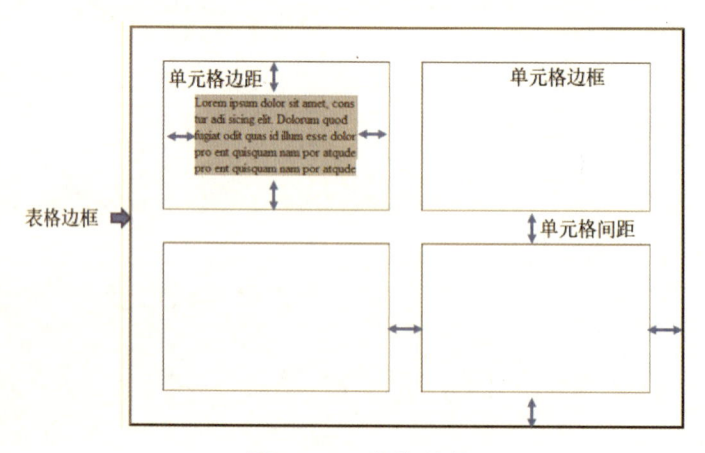

图 8-1-3　表格结构

2. 表格标签

简单的 HTML 表格由 <table> 标签及一个或多个 <tr>、<th>、<td> 标签组成。

1）<table> 标签

<table> 标签用于定义 HTML 表格。

一对 <table> 标签用于表示一个表格，一般表格均有若干行；一对 <tr> 标签用于表示一行，一行被分割为若干个单元格；一对 <td> 标签用于表示一个单元格。具体的内容放置在 <td> 标签或 <th> 标签中。

表格的基本结构如下：

```
<table>
    <tr>
        <td>...</td>
    </tr>
</table>
```

其中，<tr> 标签用于定义行，<th> 标签用于定义表头，<td> 标签用于定义单元格。

2）带结构的表格

带结构的表格包含标题、表头、主体和底部。

其中，<caption> 标签用于定义标题；<thead> 标签用于定义表头；<tbody> 标签用于定义主体；<tfoot> 标签用于定义底部。

例如：

```
<table>
    <caption>...</caption>           /* 标题，居中显示 */
    <thead>
        <tr>
            <th> 表头 </th>           /* 表头，内容居中，加粗显示 */
        </tr>
    </thead>
    <tbody>
        <tr>
            <td> 主体 </td>           /* 普通单元格，不加粗，默认左对齐 */
        </tr>
    </tbody>
```

```
    <tfoot>
        <tr>
            <td> 脚注 </td>      /* 表格的脚注 */
        </tr>
    </tfoot>
</table>
```

其中，<thead>、<tbody> 和 <tfoot> 3 个标签实现了表格的语义化布局。使用这 3 个标签，会使表格组织的内容结构变得更加清晰。

3）<th> 标签

<th> 标签用于定义表头。

例如：

```
<table border="1">
    <tr>
        <th> 姓名 </th>
        <th> 学号 </th>
        <th> 电话 </th>
    </tr>
    <tr>
        <td> 张三 </td>
        <td>202209</td>
        <td>85533448</td>
    </tr>
</table>
```

带表头的表格的效果如图 8-1-4 所示。

姓名	学号	电话
张三	202209	85533448

图 8-1-4　带表头的表格的效果

表头显示为粗体居中的文本。<table border="1"> 表示设置表格边框的粗细为 1px。

4）<caption> 标签

<caption> 标签用于定义标题。<caption> 标签必须直接放到 <table> 标签之后。每个表格只能定义一个标题。

注意，通常这个标题会被居中置于表格之上。

例如：

```
<table border="1">
    <caption> 学生成绩表 </caption>
    <tr>
```

```
        <td> 姓名 </td>
        <td> 学号 </td>
        <td> 成绩 </td>
    </tr>
    <tr>
        <td> 张三 </td>
        <td>02010</td>
        <td>600</td>
    </tr>
    <tr>
        <td> 李四 </td>
        <td>02011</td>
        <td>500</td>
    </tr>
</table>
```

设置了表格标题的效果如图 8-1-5 所示。

学生成绩表

姓名	学号	成绩
张三	02010	600
李四	02011	500

图 8-1-5 设置了表格标题的效果

3. 表格属性

1）表格的基本属性

width：宽度。

height：高度。

border：边框。

cellspacing：单元格间距（填充）。

cellpadding：单元格边距（边界）。

bordercolorlight：表格亮边框的颜色。

bordercolordark：表格暗边框的颜色。

bgcolor：表格的背景颜色。

background：表格的背景图像。

bordercolor：表格边框的颜色。

设置一个表格，代码如下：

```
<table width="660" border="10" cellspacing="40" cellpadding="40">
    <tr>
        <td width="180" >Lorem ipsum…que eqt.</td>
        <td width="180"> </td>
```

```
        </tr>
        <tr>
            <td height="100"> </td>
            <td> </td>
        </tr>
</table>
```

表格部分属性的解释如图 8-1-6 所示。

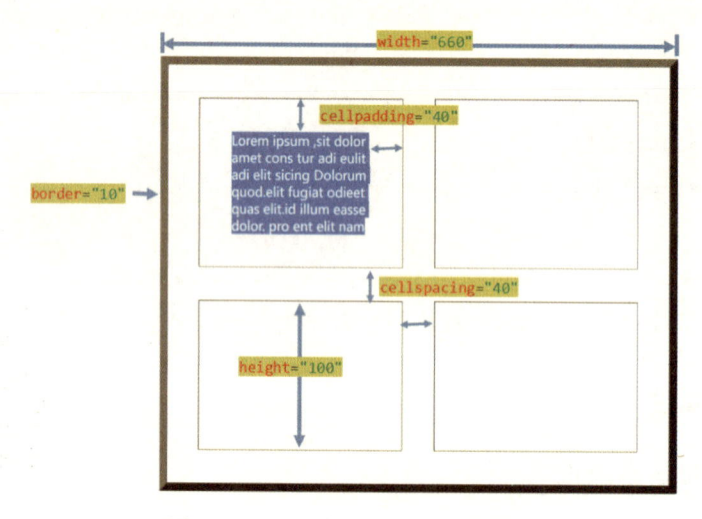

图 8-1-6 表格部分属性的解释

注意，目前一般不建议使用标签属性，建议通过样式属性来实现表格属性的设置。例如，不建议使用 width 属性设置单元格的宽度，建议使用样式属性设置单元格的宽度，代码如下：

```
td{
    width:180px;
}
```

2) border 属性

通过设置 border 属性可以为表格设置边框效果，如 <table border="10">，表示设置表格边框的粗细为 10px。

表格边框显示为双线边框。其原因是表格和单元格都有单独的边框，使用表格的 border 属性不仅可以设置表格外边框的宽度，而且可以为每个单元格设置边框的粗细。

因为 cellspacing 属性的默认值为 2px，所以一般表格都会显示为双线边框效果。只有将 cellspacing 属性的值设置为 0px，表格才会显示为单线边框的效果。

例如：

```
<table border=1 cellspacing="0">
    <tr>
        <td> 计算机基础 </td>
        <td> 网页制作 </td>
        <td> 程序设计 </td>
    </tr>
        …
    <tr>
        <td>80</td>
        <td>80</td>
        <td>80</td>
    </tr>
</table>
```

单线边框的效果如图 8-1-7 所示。

计算机基础	网页制作	程序设计
100	100	100
90	90	90
80	80	80

图 8-1-7　单线边框的效果

如果不定义边框属性，那么表格将不显示边框，代码如下：

```
<table>
    <tr>
        <td> 姓名 </td>
        <td> 学号 </td>
        <td> 成绩 </td>
    </tr>
    <tr>
        <td> 张三 </td>
        <td>02010</td>
        <td>600</td>
    </tr>
    <tr>
        <td> 李四 </td>
        <td>02011</td>
        <td>500</td>
    </tr>
</table>
```

姓名 学号　成绩
张三 02010 600
李四 02011 500

图 8-1-8　无边框的效果

无边框的效果如图 8-1-8 所示。

注意，在实际开发中不建议使用 border 标签属性实现边框效果，建议通过为 \<table\>、\<th\> 和 \<td\> 标签设置 border 属性实现边框效果。

4. 单元格常用属性

1）单元格的大小

在默认情况下，单元格的大小会根据单元格中的内容自动调整。当然，也可以手动设置单元格的宽度和高度。

其基本语法如下：

```
<td width=value height=value>
```

width：用于设置单元格的宽度。

height：用于设置单元格的高度，如 \<td height="100"\>。

2）单元格的水平对齐属性

在水平方向上，可以设置单元格的对齐方式，包括居左、居中、居右。

其基本语法如下：

```
<td align=value>
```

value 的取值有 left、center 和 right，如 \<td align="left" \>。

3）单元格的垂直对齐属性

在垂直方向上，可以设置单元格的对齐方式，包括居上、居中、居下。

其基本语法如下：

```
<td valign=value>
```

value 的取值有 top、middle 和 bottom，如 \<td　valign=" middle"\>。

学习任务二　单元格的合并

任务描述

制作表格网页，网页浏览效果如图 8-2-1 所示（文件名：web08-2.html）。

具体要求如下。

- 表格边框的粗细为 1px。
- 单元格间距为 0px。
- 合并第 5 列前 3 行，合并后单元格的宽度为 80px。
- 合并第 4 行第 2 列和第 3 列。

姓名		性别		
籍贯		民族		相片
出生年月		学历		
毕业学校			专业	

图 8-2-1　网页浏览效果

任务实施

1. 定义站点和新建网页文件

在本地硬盘中创建 unit07 文件夹，将该文件夹作为站点，在该文件夹中新建网页文件 web07-2.html。

2. 修改网页结构和样式

（1）设置表格结构，代码如下：

```
<table border="" cellspacing="" cellpadding="">
    <tr><td> </td></tr>
    <tr><td> </td></tr>
</table>
```

（2）修改表格结构。设置表格边框的粗细为 1px，单元格边距为 10px，单元格间距为 0px，代码如下：

```
<table border="1" cellspacing="0" cellpadding="10" >
```

（3）设置第 1 行为 5 列，合并第 5 列前 3 行，合并后单元格的宽度为 80px，代码如下：

```
<tr>
    <td width="80">姓名 </td>
    <td width="80"> </td>
    <td width="80">性别 </td>
```

```
        <td width="80"></td>
        <td rowspan="3" width="80">相片 </td>
</tr>
```

（4）设置第 2 行、第 3 行，代码如下：

```
<tr>
        <td width="80">籍贯 </td>
        <td width="80"> </td>
        <td width="80">民族 </td>
        <td width="80"></td>
</tr>
<tr>
        <td>出生年月 </td>
        <td> </td>
        <td>学历 </td>
        <td> </td>
</tr>
```

（5）设置第 4 行，代码如下：

```
<tr>
        <td>毕业学校 </td>
        <td colspan="2"> </td>
        <td>专业 </td>
        <td> </td>
</tr>
```

（6）保存文件。

知识链接

1. 单元格合并

1）colspan 属性

colspan 属性用于设置单元格的水平跨度，合并单元格，使现有的单元格在水平方向上跨越多列。

其基本语法如下：

```
<td    colspan=value>
```

value：单元格跨越的列数，如 <td colspan="2"> </td> 表示跨越 2 列。

2）rowspan 属性

rowspan 属性用于设置单元格的垂直跨度，合并单元格，使现有的单元格在垂直方向上跨越多行。

其基本语法如下：

```
<td    rowspan=value>
```

value：单元格跨越的行数，如 <td rowspan="3" width="80"> 相片 </td> 表示跨越 3 行。

2. 表格嵌套

表格中的单元格可以放入其他元素，如文字、图像、表单，甚至是表格。在单元格的 <td> 标签中添加表格就是表格嵌套。

例如，第 1 个表格为 1 行 2 列，在其第 2 列内嵌套一个 2 行 2 列的表格，代码如下：

```
<table border=1 cellspacing="0" width="400" height="100">
    <tr>
        <td>...</td>
        <td align="center">
            <table border=1 cellspacing="0" width="80%" height="80">
                <tr>
                    <td>...</td>
                    <td>...</td>
                </tr>
                <tr>
                    <td>...</td>
                    <td>...</td>
                </tr>
            </table>
        </td>
    </tr>
</table>
```

表格嵌套结构如图 8-2-2 所示。

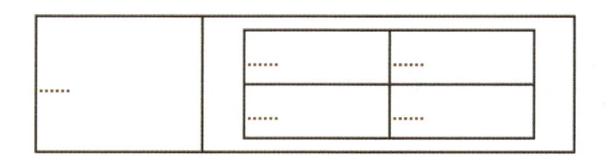

图 8-2-2　表格嵌套结构

3. 表格布局

使用 <table> 标签能够获得布局效果。早期，使用 <table> 标签来做整体表格布局，通常将表格的 border、cellpadding、cellspacing 属性的值全部设置为 0px，表格边框和间距起到划分空间的作用。按照设计设置好表格的宽度、高度，以及单元格的宽度、高度。若为复杂的布局则可以在单元格中嵌套表格，使用嵌套表格的方式划分局部的空间。

  例如，图 8-2-3 所示的个人网页按照内容可以分为头部、导航栏、主要内容区、版权信息四部分。在使用表格布局的方式时，最外层表格为 4 行 1 列，在第 2 行导航栏嵌套了一个 1 行 5 列的表格，第 3 行主要内容区分为左、右两部分，嵌套了一个 1 行 2 列的表格，左侧第 1 列放置子导航，右侧第 2 列为主要内容，如图 8-2-4 所示。

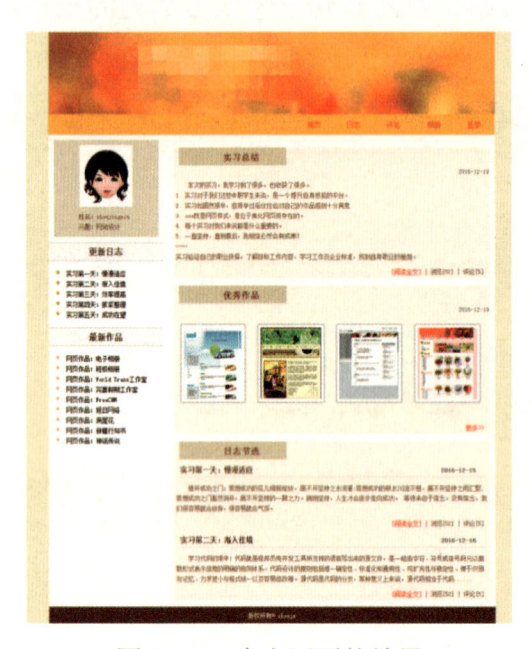

图 8-2-3　个人网页的效果　　　　图 8-2-4　表格布局

  注意，<table> 标签不是作为布局工具设置的。

学习任务三　表格样式

任务描述

  制作"成绩排行榜"表格网页，网页浏览效果如图 8-3-1 所示（文件名：

web08-3.html）。

具体要求如下。

- 圆角表格；表格的第 1 行为表头。
- 表格中的文字居中。
- 单元格间距为 10px。
- 为表格第 1 行设置背景颜色和文字颜色；第 1 行的下边框为白色实线。
- 表格奇数行的背景颜色值为 #C8E3FF。
- 表格偶数行的背景颜色值为 #E1ECF7，上、下边框均为黑色点画线。

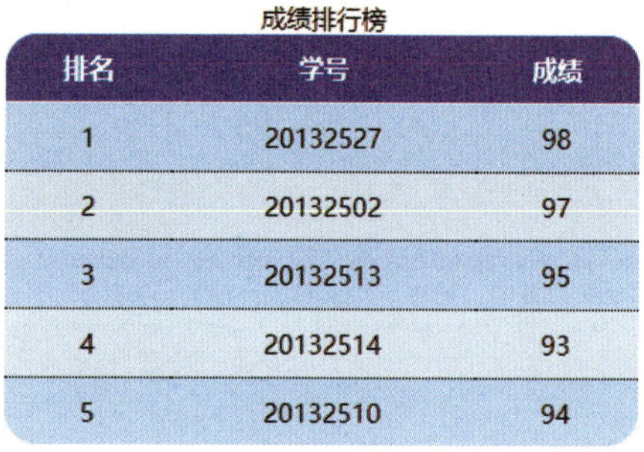

成绩排行榜

排名	学号	成绩
1	20132527	98
2	20132502	97
3	20132513	95
4	20132514	93
5	20132510	94

图 8-3-1　“成绩排行榜”表格网页浏览效果

任务实施

1．定义站点和新建网页文件

在本地硬盘中创建 unit08 文件夹，将该文件夹作为站点，在该文件夹中新建网页文件 web08-3.html。

2．修改网页结构和样式

（1）打开新建的网页文件 web08-3.html，修改网页结构，输入文字，设置标题和表头，代码如下：

```
<table id="tab">
        <caption> 成绩排行榜 </caption>
        <thead>
        <tr>
            <th> 排名 </th>
            <th> 学号 </th>
            <th> 成绩 </th>
        </tr>
        </thead>
        <tbody>
        <tr>
            <td>1</td>
            <td>20132527</td>
            <td>98</td>
        </tr>
        <tr>
```

```
            <td>2</td>
            <td>20132502</td>
            <td>97</td>
        </tr>
        <tr>
            <td>3</td>
            <td>20132513</td>
            <td>95</td>
        </tr>
        <tr>
            <td>4</td>
            <td>20132514</td>
            <td>93</td>
        </tr>
        <tr>
            <td>5</td>
            <td>20132510</td>
            <td>94</td>
        </tr>
    </tbody>
</table>
```

（2）设置表格样式，代码如下：

```
#tab{
    border-collapse: collapse;
    text-align: center;
}
```

（3）设置单元格的填充样式，代码如下：

```
#tab th,#tab td{
    padding: 10px;
}
```

（4）设置表格第 1 行的样式，代码如下：

```
#tab thead tr:first-child{
    background:#0066FF;
    color: #FFFFFF;
    border-bottom: 1px solid #FFFFFF;
}
```

（5）设置表头的第 1 列和最后 1 列的圆角样式，代码如下：

```
#tab th:first-child{
```

```
    border-radius: 20px 0px 0px 0px;
}
#tab th:last-child{
    border-radius: 0px 20px 0px 0px;
}
```

（6）设置奇数行的样式，代码如下：

```
#tab tbody tr:nth-child(odd){
    background-color: #C8E3FF;
}
```

（7）设置偶数行的样式，代码如下：

```
#tab tbody tr:nth-child(even){
    background-color: #E1ECF7;
    border-bottom: 1px dotted #000000 ;
    border-top: 1px dotted #000000;
}
```

（8）设置表格最后 1 行的样式，代码如下：

```
#tab tbody tr:last-child td:first-child{
    border-radius: 0px 0px 0px 20px;
}
#tab tbody tr:last-child td:last-child{
    border-radius: 0px 0px 20px 0px;
}
```

（9）保存文件。

知识链接

1. 常用表格样式

1）<table> 标签的常用样式

width：宽度。

border：边框。

border-collapse：为表格设置合并边框模型。

例如，border-collapse:collapse; 表示设置 border-collapse 属性的值为 collapse，边框会合并为一个单一的边框，即相邻的单元格共用一个边框。

2）<tr> 标签的常用样式

background：背景颜色。

3）<th>、<td> 标签的常用样式

<th>、<td> 标签的常用样式有边框、背景颜色、文本等。

2. CSS 选择器

1）:first-child、:last-child 选择器

:first-child：用于选取属于其父元素的首个子元素的指定选择器。

:last-child：用于选取属于其父元素的最后一个子元素的指定选择器。

其基本语法如下：

```
E: first-child {
…
}
```

匹配父元素的第一个子元素 E，E 是要选择的第一个子元素。

p:first-child{}：用于表示父元素的第一个 <p> 元素。

tr:first-child：用于表示第 1 行。

tr:last-child ：用于表示最后 1 行。

2）:nth-child(n) 选择器

匹配父元素的第 n 个子元素（第一个子元素的下标是 1），n 可以是数字、关键字和公式。关键字 odd 用于表示奇数行，even 用于表示偶数行。

奇数行：tr:nth-child(odd)、nth-child(2*n+1)。

偶数行：tr:nth-child(even)、nth-child(2*n)。

tr:nth-child(3)：第 3 行。

E:nth-child(n)：匹配父元素的第 n 个子元素 E。

单元小结

本单元介绍了表格网页、单元格的合并和表格样式，详细解释了表格标签的常见属性，特别是表格边框的属性。表格样式可以在表格的属性中指定，也

可以使用 CSS 样式设置。注意，有些表格属性已经不再使用，建议使用 CSS 样式设置。当然，也可以设置图像为背景图像，实现项目符号的效果。通过学习本单元，学生可以掌握表格的使用方法和常见的表格样式。

实践任务

（1）制作表格网页，设置表格样式，网页浏览效果如图 8-4-1 所示（文件名：ex08-1.html）。

具体要求如下。

- 所有文字的字体均为微软雅黑。
- 文字“专业成绩”的大小为 20px，加粗，其余文字的大小为 14px。
- 设置表格边框的样式和单元格的背景颜色。

专业成绩

科目	计算机基础	网页制作	程序设计
张三	90	80	88
李四	87	82	92
王五	88	76	90
平均分	88	79	90

注：平均分进行四舍五入取整。

制作者：丁小

图 8-4-1　网页浏览效果 1

（2）制作表格网页，网页浏览效果如图 8-4-2 所示（文件名：ex08-2.html）。

具体要求如下。

- 表格在网页中居中，设置表格边框的样式。
- 设置表格文字的样式。
- 设置表格中单元格的背景颜色。

（3）制作表格网页，网页浏览效果如图 8-4-3 所示（文件名：ex08-3.html）。

具体要求如下。

- 制作表格，合并表格中的单元格。
- 设置表格边框、文字的样式。
- 为表格设置合适的填充参数。

成绩表					
	计算机基础	网页制作	程序设计	平均成绩	排名
张三	90	80	88	86	3
李四	87	82	92	87	2
王五	88	76	90	85	4
赵六	93	83	93	90	1
张七	85	44	72	67	5
平均分	89	73	87	83	

注：平均分进行四舍五入取整。

图 8-4-2　网页浏览效果 2

录入实习安排			
时间	节数	练习内容	设定时间
上午	1~2	英文练习	10分钟
	3~4	英文测试	
下午	5~6	文章练习	20分钟
	7	总结	

图 8-4-3　网页浏览效果 3

第九单元 表　单

单元学习目标
- 掌握表单标签。
- 掌握常用的表单样式。
- 了解表单的验证。

单元学习内容

HTML 表单用于收集不同类型的用户输入的信息。表单十分重要的功能是在客户端接收用户的信息，并将数据递交给后台程序，使用后台程序来操控这些数据。本单元将讲解表单在网页中的应用。

学习任务一　表单标签

任务描述

制作"填写个人信息"网页，网页浏览效果如图 9-1-1 所示。

具体要求如下。

- 制作简单的表单，插入相应的表单控件（表单元素）。
- 文字的字体为微软雅黑，大小为 16px。

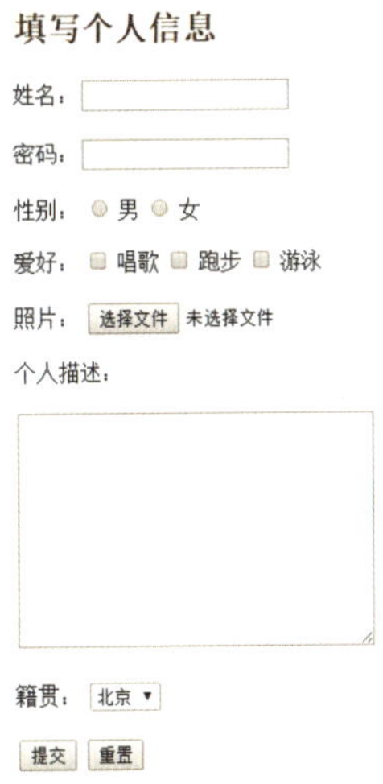

图 9-1-1 "填写个人信息"网页浏览效果

🚩 任务实施

1. 定义站点和新建网页文件

在本地硬盘中创建 unit09 文件夹，将该文件夹作为站点，在该文件夹中新建网页文件 web09-1.html。

2. 修改网页结构和样式

（1）打开新建的网页文件 web09-1.html，修改网页结构，代码如下：

```html
<div class="box">
    <h2> 填写个人信息 </h2>
    <form action="">
    
    </form>
</div>
```

（2）设置"姓名"文本框，代码如下：

```html
<form action="">
    <p>
        <label> 姓名：</label>
        <input type="text" name="username" />
    </p>
</form>
```

（3）设置密码框，代码如下：

```html
<p>
    <label> 密码：</label>
    <input type="password" name="password" />
</p>
```

（4）设置"性别"单选按钮，代码如下：

```html
<p>
    <label> 性别：</label>
    <input type="radio" name=" gender" value="0" /> 男
    <input type="radio" name=" gender" value="1" /> 女
</p>
```

（5）设置"爱好"复选框，代码如下：

```html
<p>
    <label> 爱好：</label>
```

```
    <input type="checkbox" name="like" value="sing" /> 唱歌
    <input type="checkbox" name="like" value="run" /> 跑步
    <input type="checkbox" name="like" value="swiming" /> 游泳
</p>
```

（6）设置用于上传文件的文件选择器，代码如下：

```
<p>
    <label>照片：</label>
    <input type="file" name="person_pic">
</p>
```

（7）设置"个人描述"多行文本框，代码如下：

```
<p>
    <label>个人描述：</label>
</p>
<p>
    <textarea name="about" cols="30" rows="10"></textarea>
</p>
```

（8）设置"籍贯"下拉列表，代码如下：

```
<p>
    <label>籍贯：</label>
    <select name="site">
        <option value="0">北京</option>
        <option value="1">上海</option>
        <option value="2">广州</option>
        <option value="3">深圳</option>
    </select>
</p>
```

（9）设置"提交"按钮与"重置"按钮，代码如下：

```
<p>
    <input type="submit" name="" value="提交">
    <input type="reset" name="" value="重置">
</p>
```

（10）保存文件。

知识链接

1. 表单的概念

在网页中，如果需要与用户进行交互，收集用户资料，那么就需要使用表单。

在网页中，表单具有数据采集功能，允许用户在表单（多行文本框、下拉列表、单选按钮、复选框等）中输入信息。例如，注册和登录网页就是用表单实现的。

表单是一个包含表单元素的区域。表单由表单域（表单标签）、提示信息、表单元素、表单按钮组成，如图9-1-2所示。

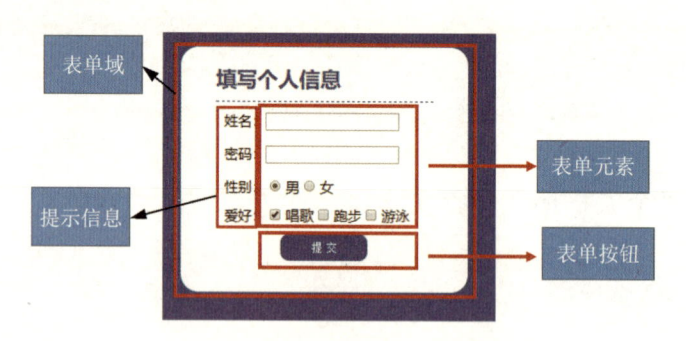

图9-1-2 表单的组成

表单域：相当于一个容器，用来容纳所有表单元素和提示信息，包含处理表单数据所用CGI程序的URL及数据提交到服务器上的方法。

提示信息：表单中包含的一些说明性的文字，用于提示用户进行填写和操作。

表单元素：用于接收用户输入或选择的数据，如在图9-1-2所示的文本框中可以输入用户的姓名，在密码框中可以输入用户的密码，单选按钮可以用于选择性别，复选框可以用于选择爱好。

表单按钮：主要包含"提交"按钮，还可以包含"复位"按钮和"一般"按钮等，用于将数据传送到服务器上或取消输入数据。此外，还可以用表单按钮来控制其他定义了处理脚本的处理工作。

2. <form> 标签

表单使用 <form> 标签来进行设置。

其基本语法如下：

```
<form action=" 提交地址 " method=" 提交方式 "  name=" 表单名称 ">
    表单元素
</form>
```

action：用于定义提交表单时向何处发送表单数据。

method：用于发送表单数据的HTTP方法，method属性的值可以是get或

post。

name：规定表单的名称，也可以使用 id 来代替。

常用的表单元素包括 <input>、<textarea>、<select>、<button>、<optgroup>、<fieldset>、<label> 等。

例如：

```
<form action="/login.php" method="get" name="login">
    用户名：<br><input type="text" name="userName"><br>
    密码：<br><input type="text" name="password"><br><br>
    <input type="submit" value=" 登陆 ">
</form>
```

3．<input> 标签

<input> 标签是 HTML 表单中的常用元素，是非常重要的表单元素，作用是获取用户的输入信息。

其基本语法如下：

```
<input type=" 元素类型 " name=" 元素名称 " value=" 元素的值 "/>
```

type：用于指定元素的输入类型。type 属性的值有 text、password、checkbox、radio、submit、reset、file、hidden、image 和 button，默认值为 text。

name：用于指定元素的名称。如果要正确地被提交，那么在每个输入字段必须设置 name 属性。

value：用于指定元素的初始值。当 type 属性的值为 radio 时必须指定一个值。

<input> 标签提供了多种方式用于获取用户输入的信息，输入类型是由类型属性定义的，<input> 标签有不同的形态，根据不同的 type 属性的值，可以确定 <input> 标签获取用户输入信息的方式。type 属性的值及描述如表 9-1-1 所示。

表 9-1-1　type 属性的值及描述

type 属性的值	描述
text	文本框
password	密码框
radio	单选按钮
checkbox	复选框，获取用户的多个选项

续表

type 属性的值	描述
file	文件选择器,获取用户选择的本地存储文件的路径,并将文件提交到服务器上
submit	"提交"按钮
reset	"复位"按钮
image	自定义图像
button	按钮,获取用户单击按钮的事件
hidden	定义隐藏的输入字段,可以装载和传输数据

1) text:文本框

文本的输入通过 <input type="text"> 标签来设定,当用户要在表单中输入字母、数字等时,就会用到文本框。

其格式如下:

```
<input type="text" name="文本框名称" value="文本框初始值" size="文本框长度" maxlength="文本框可输入最多字符" />
```

例如:

```
<input type="text" name="userName" value="用户名" size="30" maxlength="30" />
```

文本框的默认宽度是 20 个字符。

如果只需要单行文本框显示相应的内容,而不允许浏览者输入内容,那么可以在单行文本框的 <input> 标签中添加 readonly 属性,并设置该属性的值为 true。

2) password:密码框

密码框用于设置输入密码。

其格式如下:

```
<input type=" password " name="文本框名称" size="文本框长度" />
```

用户在密码框中输入文字时,不会明文显示,浏览器会自动隐藏输入的文字,用"*"或"."替代。

3) radio:单选按钮

在使用单选按钮时,在一组单选按钮中只能选中其中的一个。

其格式如下:

```
<input name="" type="radio" value="值" checked />选项
```

同一组单选按钮，每个单选按钮都必须有相同的 name 属性的值。在添加 checked 属性时，表示该单选按钮默认被选中，checked 是 checked="checked" 的简写形式。

例如：

```
<input name="gen" type="radio" value="男" checked />男
<input name="gen" type="radio" value="女" />女
```

4．<select> 标签

<select> 标签用于创建下拉列表或下拉菜单。

其格式如下：

```
<select name="列表名称" size="行数" multiple="multiple" >
    <option value="选项的值" selected="selected"(默认选中项)>选项文字</option>
    …
    <option value="选项的值">选项内容…</option>
</select>
```

一对 <option> 标签代表一个列表项或菜单项。multiple 属性是可选的，用于设置可以选择多个值。如果设置 multiple="multiple"，则该下拉列表或下拉菜单可以多选。size 属性用于设置可以同时显示的列表项或菜单项的个数。value 属性用于设置列表项或菜单项的值。

例如：

```
<select name="usertype" id="usertype">
    <option>请选择登录身份：</option>
    <option>教师</option>
    <option>家长</option>
    <option>学生</option>
</select>
```

5．<textarea> 标签

<textarea> 标签在输入多行文本时使用，用于输入大量文本内容。

其格式如下：

```
<textarea name=" " cols="显示的列数" rows="显示的行数" >文本内容</textarea>
```

通过 cols 和 rows 属性可以设置 <textarea> 标签的尺寸，cols 属性用于设置文本域的宽度，rows 属性用于设置文本域内的行数。

例如：

```
<textarea  name="showText"  cols="60"  rows="3" >文本内容 </textarea >
```

学习任务二　表单样式

任务描述

制作网页，网页浏览效果如图 9-2-1 所示（文件名：web09-2.html）。具体要求如下。

- 设置表单结构。
- 设置表单样式。
- 设置链接样式。

图 9-2-1　网页浏览效果

任务实施

1. 定义站点和新建网页文件

在本地硬盘中创建 unit09 文件夹，将该文件夹作为站点，在该文件夹中新建网页文件 web09-2.html。

2. 分析网页结构

从外到内依次排列，第 1 层是铺满网页的背景，第 2 层是主要内容区的背景图像，第3层是表单域的范围。表单域内有标题区和表单元素区，如图9-2-2所示。

图 9-2-2　网页结构

3. 修改网页结构和样式

（1）修改网页结构，代码如下：

```
<div id="bg">
    <div id="mainbg">
        <div id="loginwrapp">
            <div class="formtitle">   </div>
            <div id="loginform">  </div>
        </div>
    </div>
</div>
```

（2）设置整体样式，代码如下：

```
*{
    margin: 0;
    padding: 0;
    border: 0;
}
body{
    font-family: "微软雅黑";
    font-size: 14px;
}
```

（3）设置布局的样式，代码如下：

```
#bg{
    height: 600px;
    background: url(img/pic09-2-1.jpg);
}
```

```css
#mainbg{
    width: 1000px;
    height: 600px;
    background: url(img/pic09-2-2.png);
    margin: 0 auto;
}
```

(4) 制作表单，插入表单标签，设置表单元素，代码如下：

```html
<div id="loginwrapp">
        <div class="formtitle">
            用户登录
        </div>
        <div id="loginform">
            <form action="" method="post">
                <div class="input_border">
                    <input type="text" name="user" id="user" value=" 请输入用户名 " />
                </div>
                <div class="input_border">
                    <input type="password" name="psw" id="psw" placeholder=" 请输入密码 " />
                </div>
                <div class="input_border">
                    <input type="text" name="exam" id="exam" value=" 请输入验证码 " />
                    <img class="safecode" src="img/pic09-2-code.jpg"/>
                </div>
                <div id="re_fo">
                    <input type="checkbox" name="reme" id="reme" value="" />
                    <label> 记住密码 </label>
                    <a href=" "> 忘记密码 </a>
                    <input type="submit" name="btnimg" id="btnimg" value=""/>
                </div>
            </form>
        </div>
</div>
```

(5) 设置表单布局的样式，代码如下：

```css
#loginwrapp{
    width: 355px;
    height: 330px;
    padding: 20px;
    padding-top: 80px;
    position: relative;
    top: 50px;
    left: 600px;
}
```

（6）设置表单标题的样式，代码如下：

```css
.formtitle{
    background-color: #0A59A5;
    border-radius: 10px 10px 0 0;
    height: 40px;
    font-size: 18px;
    color: #FFFFFF;
    text-align: center;
    line-height: 40px;
}
```

（7）设置表单域布局的样式，代码如下：

```css
#loginform{
    padding: 20px;
    background-color: #FFFFFF;
    border-radius: 0 0 10px 10px ;
    text-align: center;
}
```

（8）设置表单元素布局的样式和全局的样式，代码如下：

```css
.input_border{
    height: 48px;
    margin-bottom: 25px;
}
.input_border input{
    width: 200px;
    color: #CCCCCC;
    border: solid 1px #CCCCCC;
    padding: 16px 40px;
}
```

（9）设置表单中"请输入用户名"和"请输入密码"文本框的样式，代码如下：

```css
#user{
    background: url(img/pic09-2-icon1.png) 10px 16px no-repeat #FFFFFF;
}
#psw{
    background: url(img/pic09-2-icon2.png) 10px 16px no-repeat #FFFFFF;
}
```

（10）设置表单中"请输入验证码"文本框的样式，代码如下：

```css
#exam{
    background: url(img/pic09-2-icon3.png) 10px 16px no-repeat #FFFFFF;
    width: 160px;
}
.safecode{
    vertical-align: middle;
    padding-left: 10px;
}
```

（11）设置表单中复选框对应的文字链接样式，代码如下：

```css
#re_fo a{
    color: #000000;
    text-decoration: none;
}
#re_fo a:hover{
    color: #FF6600;
    text-decoration: underline;
}
```

（12）设置表单中"登录"按钮的样式，代码如下：

```css
#btnimg{
    width: 242px;
    height: 47px;
    background: url(img/pic09-2-but1.png);
    border: none;
    margin-top:15px ;
}
#btnimg:hover{
    background: url(img/pic09-2-but2.png);
}
```

（13）保存文件。

知识链接

1. 表单结构的样式

1）设置表单的整体样式

这里需要为表单 #loginwrapp 的 <div> 标签设置宽度、高度、背景、边距等样式，代码如下：

```css
#loginwrapp{
    width: 355px;
    height: 330px;
    padding: 20px;
    padding-top: 80px;
    position: relative;
    top: 50px;
    left: 600px;
}
```

2）position: relative

position: relative 表示相对定位，相对于元素本来的位置进行偏移调整，可以通过 top、bottom、left、right 这 4 个偏移属性进行定位。

top 属性的值表示对象相对原位置向下偏移的距离；left 属性的值表示对象相对原位置向右偏移的距离。

2. 表单元素的样式

1）<input> 标签的样式

可以设置 <input> 标签的宽度、高度、文本颜色、背景颜色或背景图像、边距和边框等样式，代码如下：

```css
.input_border input{
    width: 200px;
    color: #CCCCCC;
    border: solid 1px #CCCCCC;
    padding: 16px 40px;
}
#user{
    background: url(img/pic09-2-icon1.png) 10px 16px no-repeat #FFFFFF;
}
```

2）清除边框的样式

<input> 标签默认有边框效果，在设置样式前，通常需要清除其默认的边框效果，代码如下：

```css
*{
    margin: 0;
    padding: 0;
    border: 0;
}
```

当然，也可以设置如下代码：

```css
border: none;
```

3）按钮的样式

通过 CSS 样式可以重新定义按钮的样式，可以设置宽度、高度、文本颜色、背景颜色或背景图像、边距和边框等样式。

可以将按钮图像设置为背景图像，当移动光标时，更换一个背景图像，会有动态的效果，代码如下：

```css
#btnimg{
    width: 242px;
    height: 47px;
    background: url(img/but1.png);
    border: none;
    margin-top:15px ;
}
#btnimg:hover{
    background: url(img/but2.png);
}
```

在上述代码中，:hover 用于选择光标浮动在上面的元素。

学习任务三　表单新属性的应用

任务描述

制作网页，网页浏览效果如图 9-3-1 所示（文件名：web09-3.html）。

具体要求如下：

- 制作表单，设置相应的表单元素。
- 设置表单样式。
- 使用表单元素的属性设置表单的验证。

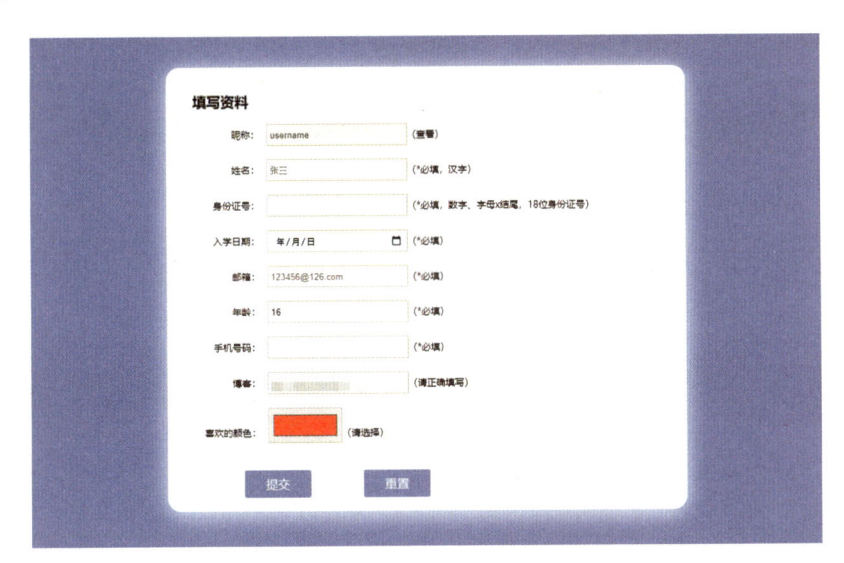

图 9-3-1　网页浏览效果

任务实施

1. 定义站点和新建网页文件

在本地硬盘中创建 unit09 文件夹，将该文件夹作为站点，在该文件夹中新建网页文件 web09-3.html。

2. 分析网页结构

整个网页使用一个 <div> 标签布局（#formwrapp），包含整个表单（<form> 标签），表单内包含标题和多个表单元素，每行表单元素使用 <p> 标签，每行表单元素的提示信息使用 < span > 标签，表单元素使用 <input> 标签，如图 9-3-2 所示。

3. 修改网页结构

（1）打开新建的网页文件 web09-3.html，修改网页结构，设置表单域和标题，输入文字，代码如下：

```
<div class="formwrapp">
```

```
<form action="" method="post" >
    <h2>填写资料 </h2>
    </form>
</div>
```

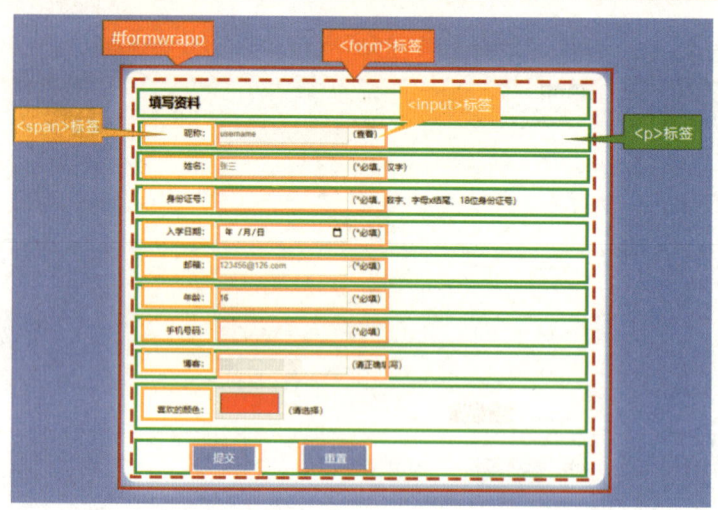

图 9-3-2　网页结构

（2）设置"昵称"和"姓名"文本框，代码如下：

```
<p>
    <span>昵称：</span>
    <input type="text" name="username" value="username" disabled readonly />（查看）
</p>
<p>
    <span>姓名：</span>
    <input type="text" name="truename" pattern="^[\u4e00-\u9fa5]{0,}$" placeholder="张三" required autofocus/>（* 必填，汉字）
</p>
```

（3）设置"身份证号"和"入学日期"文本框，代码如下：

```
<p>
    <span>身份证号：</span>
<input type="text" name="idnum" required pattern="^\d{8,18}|[0-9x]{8,18}|[0-9X]{8,18}?$"/>（* 必填，数字、字母 X 结尾，18 位身份证号）
</p>
<p>
    <span>入学日期：</span>
    <input type="date" name="admisdate" required/>（* 必填）
</p>
```

（4）设置"邮箱"文本框，代码如下：

```
<p>
    <span>邮箱：</span>
    <input type="email" name="myemail" placeholder="123456@126.com" required multiple/>（*必填）
</p>
```

（5）设置"年龄"文本框，代码如下：

```
<p>
    <span>年龄：</span>
    <input type="number" name="age" value="16" min="15" max="120" required/>（*必填）
</p>
```

（6）设置"手机号码"文本框，代码如下：

```
<p>
    <span>手机号码：</span>
    <input type="tel" name="phonenum" pattern="^\d{11}$" required/>（*必填）
</p>
```

（7）设置"博客"文本框，代码如下：

```
<p>
    <span>博客：</span>
    <input type="url" name="blogurl" placeholder="http://blog.myweb.cn" pattern="^http://([\w-]+\.)+[\w-]+(/[\w-./?%&=]*)?$"/>（请正确填写）
</p>
```

（8）设置"喜欢的颜色"文本框，代码如下：

```
<p class="favorcolor">
    <span>喜欢的颜色：</span>
    <input type="color" name="favorcolor" value="#FF0000"/>（请选择）
</p>
```

（9）设置"提交"和"重置"按钮，代码如下：

```
<p class=" sbottn ">
    <input type="submit" value=" 提交 "/>
    <input type="reset" value=" 重置 "/>
</p>
```

4. 修改网页样式

（1）设置全局的样式，代码如下：

```css
body,form,input,h1,p{
    padding:0;
    margin:0;
    border:0;
}
body{
    background-color: #6299EC;
    font-size: 14px;
    font-family: " 微软雅黑 ";
}
```

（2）设置整体布局的样式，代码如下：

```css
.formwrapp{
    width:700px;
    margin: 100px auto;
    background-color:#FDFEFF;
    padding: 20px 40px;
    border-radius: 20px;
    box-shadow: 0 5px 30px #FDFEFF;
}
```

（3）设置标题、段落的样式，代码如下：

```css
h2{
    margin:16px 0;
}
p{
    margin-top:20px;
}
```

（4）设置表单提示信息的样式，代码如下：

```css
p span{
    width:100px;
    display:inline-block;
    text-align:right;
    padding-right:10px;
}
```

（5）设置 <input> 标签的样式，代码如下：

```css
p input{
    width:200px;
    height:20px;
```

```
    border:1px solid #d4cdba;
    padding:5px;
}
.favorcolor input{
    width:100px;
    height:24px;
}
```

（6）设置按钮的样式，代码如下：

```
.sbottn input{
    width:100px;
    height:40px;
    background:#6299EC;
    margin-top:20px;
    margin-left:75px;
    border: none;
    border-radius:3px;
    font-size:18px;
    font-family:" 微软雅黑 ";
    color:#FFFFFF;
}
```

知识链接

1. <input> 标签的 type 属性

<input> 标签的 type 属性的值及描述如表 9-3-1 所示。

表 9-3-1　<input> 标签的 type 属性的值及描述

type 属性的值	描述
color（HTML5）	用于定义拾色器
date（HTML5）	用于定义 date 控件（包括年、月、日，不包括时间）
datetime（HTML5）	用于定义 date 控件和 time 控件（包括年、月、日、时、分、秒、几分之一秒，基于 UTC 时区）
datetime-local（HTML5）	用于定义 date 控件和 time 控件（包括年、月、日、时、分、秒、几分之一秒，不带时区）
email（HTML5）	用于定义 E-mail 地址的字段
number（HTML5）	用于定义输入数字的字段
range（HTML5）	用于定义精确值不重要的输入数字的控件

续表

type 属性的值	描述
search（HTML5）	用于定义输入搜索字符串的文本字段
tel（HTML5）	用于定义输入电话号码的字段
time（HTML5）	用于定义输入时间的控件，不带时区
url（HTML5）	用于定义输入 URL 的字段
week（HTML5）	用于定义 week 控件和 year 控件，不带时区

1）email

其基本语法如下：

```
<input type="email"  name=" "/>
```

说明：限制用户必须输入为 E-mail 类型，自动验证 E-mail 地址的格式是否正确。

2）url

其基本语法如下：

```
<input type="url"  name=" "/>
```

说明：自动验证 URL 的格式是否正确。

3）search

其基本语法如下：

```
<input type="search" name=" "/>
```

4）number

其基本语法如下：

```
<input type="number"  name=" "  min=" 允许的最小值 "  max=" 允许的最大值 " step=" 合法的数字间隔 "/>
```

说明：专门用来输入数字，并且在提交时会验证内容是否为数字，具有 4 个属性，分别是 min、max、step 和 value。

min：最小值。

max：最大值。

step：单击上、下箭头时数值一次变化的步长。

value：默认值。

5）color

说明：用于取色，该类型的表单元素提供了一个拾色器。

6）range

其基本语法如下：

```
<input type="range" name="" min=" 允许的最小值 " max=" 允许的最大值 " step=" 合法的数字间隔 "/>
```

说明：只允许输入某一段范围内的数值。

2. <input> 标签的其他属性

<input> 标签的其他属性及属性对应的值和描述如表 9-3-2 所示。

表 9-3-2　<input> 标签的其他属性及属性对应的值和描述

属性	值	描述
autocomplete	on off	规定是否使用输入字段的自动完成功能
autofocus	autofocus	规定输入字段在网页中加载时是否获得焦点（不适用于 type="hidden"）
checked	checked	规定 <input> 标签首次加载时被选中
disabled	disabled	规定 <input> 标签加载时被禁用
formmethod	get post	规定覆盖表单的 method 属性（适用于 type="submit" 和 type="image"）
list	datalist-id	引用包含输入字段的预定义选项的 datalist
max	number date	规定输入字段的最大值，与 min 属性配合使用创建合法值的范围
maxlength	number	规定输入字段中的字符的最大长度
min	number date	规定输入字段的最小值，与 max 属性配合使用创建合法值的范围
multiple	multiple	如果表单使用该属性，则在提交表单时允许使用多个该属性的值
name	field_name	定义 <input> 标签的名称
pattern	regexp_pattern	规定输入字段的值的模式或格式，如 pattern="[0-9]" 表示输入值必须是 0～9 中的数字
placeholder	text	规定帮助用户填写输入字段的提示
readonly	readonly	规定输入字段为只读
required	required	指示输入字段的值是必需的
size	number_of_char	规定输入字段的宽度
src	url	规定以"提交"按钮的形式显示的图像的 URL
step	number	规定输入字段的合法数字间隔
value	value	规定 <input> 标签的 value 属性的值

1）readonly 属性

readonly 属性虽然设置只读字段不能修改，但是用户仍然可以通过按 Tab 键切换到该字段，还可以选中或复制其文本。readonly 属性可以与 type="text" 或 "password" 的 <input> 标签配合使用。

2）value 属性

对于不同的输入类型，value 属性的用法也不同，具体如下。

type="button"、"reset" 或 "submit"，用于定义按钮上显示的文本。

type="text"、"password" 或 "hidden"，用于定义输入字段的初始值。

注意，当 type="checkbox" 或 "radio" 时，必须设置 value 属性。

3）autofocus 属性

autofocus 属性适用于 <button> 标签、<input> 标签、<keygen> 标签、<select> 标签和 <textarea> 标签。

4）required 属性

required 属性适用于 <input> 标签以下属性的值：text、search、url、telephone、email、password、date pickers、number、checkbox、radio、file。

3. patterm 属性和正则表达式

1）pattern 属性

pattern 属性适用于 <input> 标签以下属性的值：text、search、url、tel、email、password。

2）正则表达式

正则表达式又被称为规则表达式，是用于描述一组字符串特征的模式，用来匹配特定的字符串，通过特殊字符与普通字符组合的模式进行描述，达到文字匹配的目的。

^：匹配输入字符串的开始位置。

+：匹配一个或多个，如 [0-9]+ 代表匹配多个数字。

*：前面的字符可以不出现，也可以出现一次或多次（0 次、1 次或多次）。

?：前面的字符最多只可以出现一次（0 次或 1 次）。

$：匹配输入字符串的结束位置，如 abc$ 代表匹配字母 abc 并以 abc 结尾。

[ABC]：匹配 [...] 中的所有字符。

[^ABC]：匹配除了 [...] 中字符的所有字符。

[A-Z]：[A-Z]：一个区间，匹配所有大写字母。

[a-z]：匹配所有小写字母。

[\s\S]：匹配任何字符。

\w：匹配字母、数字、下画线，等价于 [A-Za-z0-9]。

3）常用的正则表达式

数字：^[0-9]*$。

n 位的数字：^\d{n}$。

至少 n 位的数字：^\d{n,}$。

m~n 位的数字：^\d{m,n}$。

汉字：^[\u4e00-\u9fa5]{0,}$。

QQ 号码：[1-9][0-9]{4,14}。

手机号码：^(13[0-9]|14[5|7]|15[0|1|2|3|5|6|7|8|9]|18[0|1|2|3|5|6|7|8|9])\d{8}$。

身份证号码：^([0-9]){7,18}(x|X)?$。

验证身份证号码（15 位或 18 位数字）：^\d{15}|\d{18}$。

能够以数字、字母 X 结尾的 18 位身份证号：^\d{8,18}|[0-9x]{8,18}|[0-9X]{8,18}?$。

密码：以 ^[a-zA-Z]\w{5,17}$ 字母开头，长度为 6～18 个，只能包含字母、数字和下画线。

7 个汉字或 14 个字符：^[\u4e00-\u9fa5]{1,7}$|^[\dA-Za-z_]{1,14}$。

单元小结

本单元介绍了表单的组成、表单标签、表单元素和表单在网页中的运用，如制作表单、设置表单样式，详细解释了表单标签的常见表单元素和表单元素的属性，特别是 <input> 标签的 type 属性。使用不同的 type 属性的值，可以确定用户输入数据的类型和格式。此外，还介绍了如何使用 CSS 控制表单样式，实现运用表单对表单元素的字体、边框、背景、边界、边距的控制。

实 践 任 务

（1）制作搜索表单网页，网页浏览效果如图 9-4-1 所示（文件名 ex09-1.html）。具体要求如下。

- 制作搜索表单。
- 为文本框、按钮设置相应的 CSS 样式。

图 9-4-1　网页浏览效果 1

（2）制作信息表单网页，网页浏览效果如图 9-4-2 所示（文件名 ex09-2.html）。具体要求如下。

- 外边框的宽度为 280px。
- 设置 CSS 样式。

图 9-4-2　网页浏览效果 2

第十单元 网页布局

单元学习目标

- 掌握标准流的基本概念。
- 掌握盒子模型的基本概念。
- 掌握对整个网页进行 HTML 结构设计的方法。
- 掌握标准流布局网页的制作方法。
- 掌握列表布局网页的制作方法。
- 掌握浮动布局网页的基本原理及制作方法。

单元学习内容

常见的网页布局有标准流布局、列表布局、浮动布局。在实际应用中，会将这几种布局进行嵌套使用。标准流布局最为简单，网页元素中的块级元素从上到下、行内元素从左到右顺序排列。列表布局采用项目 <ul> 和 <li> 标签作为容器，在网页布局排版中，可以设置 <li> 标签的 float 属性的值为 left，将 <li> 标签原有的从上到下的顺序变为从左到右的顺序。浮动布局将 <div> 标签的 float 属性的值设置为 left 和 right，将 <div> 标签原有的标准流布局变为左右结构布局。在实际应用中，浮动布局的网页中通常也包含标准流布局。

学习任务一　标准流布局网页

任务描述

使用标准流布局制作"广州旅游网"网页，网页浏览效果如图 10-1-1 所示（文件名：web10-1.html）。

具体要求如下。
- 网页背景颜色为烟白色（颜色值为 #F5F5F5），所有文字的字体均为微软雅黑。
- 网页中的主要内容的宽度为 980px，背景颜色为白色。
- 导航栏文字的大小为 18px，颜色值为 #76B1F3。设置导航栏的链接样式，使光标经过导航栏文字时，文字背景颜色值为 #76B1F3，颜色为白色，有两个圆角的效果。图 10-1-2 所示为光标经过文字"特色广州"时的效果。
- 文字"镇海楼"的大小为 28px，颜色值为 #FF9900，其余文字的大小为 16px。文字的行距是文字的大小的两倍。
- 版权信息文字上方有一条粗细为 1px 的点画线，线条的颜色值为 #76B1F3。

图 10-1-1 "广州旅游网"网页浏览效果

图 10-1-2 光标经过文字"特色广州"时的效果

任务实施

1. 定义站点和新建网页文件

在本地硬盘中创建 unit10 文件夹，在该文件夹中新建 img 文件夹，在 img 文件夹中放置网页中的图像文件 pic10-1-1.jpg 和 pic10-1-2.jpg，在 unit10 文件夹中新建网页文件 web10-1.html。

2. 分析网页布局

如图 10-1-3 所示，网页由 banner 栏、导航栏、主要内容部分、版权信息部分组成，由于它们的顺序从上到下，与 <div> 标签的默认排列顺序一致，因此整个网页布局属于标准流布局。四部分的宽度是一样的，最外层添加一对 <div> 标签，名称为 #box，可以统一定义网页元素的宽度。

图 10-1-3　网页结构

3. 修改网页结构和样式

（1）打开新建的网页文件 web10-1.html，修改网页结构，代码如下：

```
<div id="box">
    <div id="banner">
        <img src="img/pic10-1-1.jpg"/>
    </div>
    <div id="navi">
        …
    </div>
    <div id="main">
        …
    </div>
```

```
    <div id="footer">
        版权所有 &copy; 2022
    </div>
</div>
```

（2）参照图 10-1-1 所示的效果，补充结构框架的内容。

导航栏 #navi 的结构代码如下：

```
<div id="navi">
    <ul>
        <li><a href=""> 首页 </a></li>
        <li><a href=""> 特色广州 </a></li>
        <li><a href=""> 广州故事 </a></li>
        <li><a href=""> 广州历史 </a></li>
        <li><a href=""> 羊城八景 </a></li>
        <li><a href=""> 文化广州 </a></li>
    </ul>
</div>
```

主要内容部分 #main 的结构代码如下：

```
<div id="main">
    <h1> 镇海楼 </h1>
    <div id="pic">
        <img src="img/pic10-1-2.jpg"/>
    </div>
    <p>镇海楼是广州文化史迹……广州博物馆迁入镇海楼。</p>
    <p>关于镇海楼的兴建……亦有辟邪镇王之意。</p>
</div>
```

（3）设置网页全局和 #box 的样式，代码如下：

```
*{
margin: 0;
padding: 0;
}
body{
    font-family: " 微软雅黑 ";
    background-color: #F5F5F5;
}

#box{
    width: 980px;
    margin: 0 auto;
```

```
    background-color: white;
    padding: 10px;
}
```

（4）banner 图像的宽度与 #box 一样，可以省略 #banner 的样式，也可以添加以下 CSS 样式代码：

```
#banner img{
    width: 980px;
}
```

（5）设置横向导航栏的样式，代码如下：

```
#navi ul{
    list-style: none;
}
#navi li{
    float: left;
}
```

（6）设置导航栏文字的链接样式，代码如下：

```
#navi a{
    display: block;
    padding: 10px 48px;
    font-size: 18px;
    color: #76B1F3;
    text-decoration: none;
}
#navi a:hover{
    background-color: #76B1F3;
    border-radius: 15px 0px;
    color: white;
}
```

（7）设置网页主要内容的样式，代码如下：

```
#main{
    clear: left;
    padding: 20px;
}
#main h1{
    font-size: 28px;
    text-align: center;
    line-height: 2em;
```

```
        font-weight: normal;
        color: #FF9900;
}
#main p{
        font-size: 16px;
        line-height: 2em;
        text-indent: 2em;
}
#pic{
        text-align: center;
        margin: 20px 0px;
}
```

（8）设置版权信息文字的样式，代码如下：

```
#footer{
        text-align: center;
        padding: 20px 0px;
        border-top: dotted 1px #76B1F3;
}
```

（9）保存文件。

知识链接

1. 盒子模型

盒子模型是学习 CSS 网页布局的基础。掌握盒子模型的各种规律和特性，能够很好地控制网页中每个元素呈现的效果。

盒子模型是 CSS 布局的基本组成部分，用于指定网页中的元素如何显示及在某种方式上如何交互。盒子模型是由 margin（外边距）、border（边框）、padding（内边距）、content（内容）组成的，如图 10-1-4 所示。

content：盒子模型中必需的一部分，包括网页中的文字、图像等元素。

padding：用来设置元素与边框之间的距离。

border：用来设置盒子内容的边框。

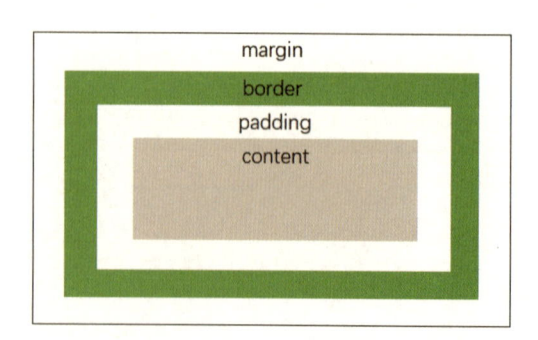

图 10-1-4　盒子模型的组成

margin：用来设置元素与元素之间的距离。

网页中的所有元素和对象都由这种基本结构组成，并呈现出方形的盒子效果。

1）margin 属性

margin 属性用来设置网页中元素与元素之间的距离，即定义元素周围的空间范围。其基本语法如下：

```
margin : auto | length
```

其中，auto 表示根据内容自动调整，length 表示由数字和单位标识符组成的长度值或百分数。百分数是基于父元素的高度。对于行内元素来说，左、右外边距可以是负数值。margin 属性的值可以有 1～4 个。

margin:10px; 表示元素上、下、左、右的外边距均设置为 10px。

margin:10px 20px; 表示元素的上、下外边距设置为 10px，左、右外边距设置为 20px。

margin:10px 20px 30px; 表示元素的上外边距设置为 10px，下外边距设置为 30px，左、右外边距均设置为 20px。

margin:10px 20px 30px 40px; 表示元素的上外边距设置为 10px，右外边距设置为 20px，下外边距设置为 30px，左外边距设置为 40px。

margin 属性包含的 4 个子属性，用于控制元素外边距的样式。margin 属性的子属性及描述如表 10-1-1 所示。

表 10-1-1　margin 属性的子属性及描述

margin 属性的子属性	描述
margin-top	用于设置元素的上外边距
margin-bottom	用于设置元素的下外边距
margin-left	用于设置元素的左外边距
margin-right	用于设置元素的右外边距

如果希望很精确地控制元素的位置，那么需要对 margin 属性有更深入的了解。margin 属性的设置可以分为行内元素之间的设置、非行内元素之间的设置和父子元素之间的设置。

2）padding 属性

padding 属性用来设置元素中的内容与元素本身边框之间的距离，即内边距。其基本语法如下：

```
padding : length
```

padding 属性的值可以是一个具体的长度，也可以是一个相对上级元素的百分比，但不可以使用负数。在设置 padding 属性的值为百分数时，百分数的值是相对于父元素的 width 属性计算的，这一点与外边距一样。因此，如果父元素的 width 属性改变，其值也会改变。padding 属性的值可以有 1～4 个。

padding:10px; 表示元素中的内容与上、下、左、右边框的距离均为 10px。

padding:10px 20px; 表示元素中的内容与上、下边框的距离均为 10px，与左、右边框的距离均为 20px。

padding:10px 20px 30px; 表示元素中的内容与上边框的距离为 10px，与下边框的距离为 30px，与左、右边框的距离均为 20px。

padding:10px 20px 30px 40px; 表示元素中的内容与上边框的距离为 10px，与右边框的距离为 20px，与下边框的距离为 30px，与左边框的距离为 40px。

padding 属性包含的 4 个子属性，用于控制元素内边距的样式。padding 属性的子属性及描述如表 10-1-2 所示。

表 10-1-2　padding 属性的子属性及描述

padding 属性的子属性	描述
padding-top	用于设置元素的上内边距
padding-bottom	用于设置元素的下内边距
padding-left	用于设置元素的左内边距
padding-right	用于设置元素的右内边距

2．标准流

在没有为网页元素添加 CSS 定位或浮动等属性的情况下，网页元素都按照 HTML 代码的顺序自上而下或自左向右逐步分布，我们将这种结构称为标准流或文档流。标准流是默认的网页布局模式，任何没有被添加 position 属性和 float 属性的元素都默认具有标准流的特点。

1）块级元素

块级元素会在所处的包含元素内按照自上而下的顺序垂直分布。在默认状态下，不管把块级元素的宽度设置得多窄，它都会独占一行，如 <p>、<hi>、<div> 等标签。

2）行内元素

行内元素会在所处的包含元素内从左到右水平分布显示，超出一行后，会自动从上而下换行显示，并继续从左到右按照顺序流动。如 <a>、<span> 等标签。即使定义了 width 和 height 属性，也不起作用，只有用 display:block 或 display:inline-block 将行内元素转换为块级元素，width 和 height 属性才会有效果。

学习任务二　列表布局网页

任务描述

制作"精彩推荐"网页，网页浏览效果如图 10-2-1 所示（文件名：web10-2.html）。

具体要求如下。

- 栏目宽度为 1000px，浏览时居中。
- 所有文字的字体均为微软雅黑。
- 文字"精彩推荐"的颜色值为 #0099FF，大小为 20px，其余文字的大小为 14px。
- 文字"精彩推荐"的下面是一条粗细为 1px 的浅灰色（颜色值为 #CCCCCC）实线。版权信息文字上方是一条粗细为 1px 的浅灰色（颜色值为 #CCCCCC）实线。
- 为文字设置适当的行距。

图 10-2-1 "精彩推荐"网页浏览效果

任务实施

1. 新建网页文件

将所需的图像素材文件复制至 img 文件夹中，在 unit10 文件夹中新建网页文件 web10-2.html。

2. 分析网页结构

如图 10-2-2 所示，网页包括栏目标题、图像及说明文字、版权信息三部分，宽度均不超过 1000px，浏览时居中，所有内容均放在 id 为 box 的 <div> 标签中。8 个图像及说明文字的效果是一样的，在网页制作中，常使用项目列表结构，8 个列表为一个项目，每个图像和一行说明文字为一个列表。

图 10-2-2 网页结构

3. 修改网页结构和样式

（1）打开新建的网页文件 web10-2.html，修改网页结构，代码如下：

```
<div id="box">
    <h1> 精彩推荐 </h1>
    <div id="main">
```

```html
        <ul>
            <li><img src="img/pic10-2-1.jpg" /><br/> 教训可恶的小猫 </li>
            <li><img src="img/pic10-2-2.jpg" /><br/> 女孩游戏：和芭比做鸡汤面 </li>
            <li><img src="img/pic10-2-3.jpg" /><br/> 三只松鼠 </li>
            <li><img src="img/pic10-2-4.jpg" /><br/> 聪明的警察 </li>
            <li><img src="img/pic10-2-5.jpg" /><br/> 小花仙特辑 </li>
            <li><img src="img/pic10-2-6.jpg" /><br/> 男孩游戏：愤怒的小鸟直升机 </li>
            <li><img src="img/pic10-2-7.jpg" /><br/> 蜡笔小新 </li>
            <li><img src="img/pic10-2-8.jpg" /><br/> 动漫螺丝钉 </li>
        </ul>
    </div>
    <div id="footer">版权所有 &copy; 2022</div>
</div>
```

（2）设置全局的样式，代码如下：

```css
*{
    margin: 0;
    padding: 0;
}
body{
    font-family: " 微软雅黑 ";
}
```

（3）设置 #box 的样式，代码如下：

```css
#box{
    width: 1000px;
    margin: 10px auto;
}
```

（4）设置栏目标题的样式，代码如下：

```css
#box h1{
    font-size: 20px;
    color: #0099FF;
    padding-bottom: 10px;
    border-bottom: solid 1px #CCCCCC;
    margin-bottom: 10px;
}
```

（5）设置主要内容的列表样式，代码如下：

```css
#main ul{
```

```
    list-style-type: none;
    width: 1020px;
}
#main li{
    width: 235px;
    float: left;
    text-align: center;
    margin-right: 20px;
    margin-bottom: 20px;
    font-size: 14px;
    line-height: 28px;
}
#main img{
    width: 235px;
    height: 150px;
}
```

（6）设置版权信息文字的样式，代码如下：

```
#footer{
    clear: left;
    font-size: 14px;
    text-align: center;
    border-top: solid 1px #CCCCCC;
    padding-top: 10px;
}
```

（7）保存文件。

知识链接

1. CSS 的 float 属性

使用 CSS 的 float 属性，会使元素向左或向右移动，且其周围的元素也会重新排列。若一个元素设置了 float:left;，则在结构中其后面的元素将以围绕的方式排列在它的右侧。若一个元素设置了 float:right;，则在结构中其后面的元素将以围绕的方式排列在它的左侧。如果图像设置了右浮动，那么图像下面的文本流将环绕在它的左侧，代码如下：

```
img{
    float:right;
}
```

2. 彼此相邻的浮动元素

把几个浮动元素放到一起，如果有空间，那么它们将彼此相邻。

1）横排的图像

例如，网页结构代码如下：

```
<body>
    <img src="img/f1.jpg"/>
    <img src="img/f2.jpg"/>
    <img src="img/f3.jpg"/>
    <img src="img/f4.jpg"/>
<p> 换行的文字 </p>
</body>
```

网页图像样式代码如下：

```
img{
    width: 180px;
    height: 120px;
    margin-right: 5px;
}
```

当图像的父元素的宽度足够时，图像全部横向排列。因为 <img> 标签是行内块级元素，所以该标签不会换行，图像与右侧图像相隔 5px 的距离。由于网页中的文字使用了 <p> 标签，因此文字换行显示，如图 10-2-3 所示。

图 10-2-3　横排的图像

2）浮动的 <div> 标签

将以上结构中的 <img> 标签换成 <div> 标签，结构代码如下：

```
<body>
    <div>1</div>
    <div>2</div>
    <div>3</div>
    <div>4</div>
    <p> 换行的文字 </p>
```

```
</body>
```

若要定义 4 对 <div> 标签的宽度均为 120px，高度均为 80px，希望 4 对 <div> 标签如图 10-2-3 中的 4 个图像一样全部横排，则需要将 <div> 标签进行左浮动，改变它原来从上到下的默认顺序。其代码如下：

```
div{
    width: 120px;
    height: 80px;
border: solid 1px red;
    float: left;
    margin: 5px;
}
```

第 1 对 <div> 标签进行左浮动，第 2 对 <div> 标签排在第 1 对 <div> 标签的右侧；第 2 对 <div> 标签进行左浮动，第 3 对 <div> 标签排在第 2 对 <div> 标签的右侧……照此类推，最后一对 <div> 标签进行左浮动，其后面的元素是 <p> 标签，<p> 标签排在第 4 对 <div> 标签的右侧。4 对 <div> 标签进行左浮动的效果如图 10-2-4 所示。

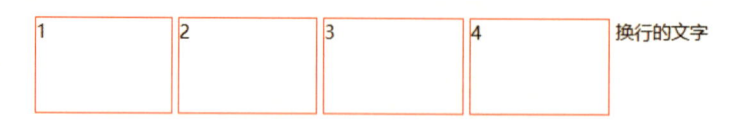

图 10-2-4　4 对 <div> 标签进行左浮动的效果

如果不希望 <p> 标签排在最后一对 <div> 标签的右侧，那么需要使用 clear:left; 清除左浮动对它的影响。若添加以下样式，则 <p> 标签消除第 4 对 <div> 标签左浮动的效果，文字换行。

```
p{
    clear: left;
}
```

<p> 标签清除左浮动的效果如图 10-2-5 所示。

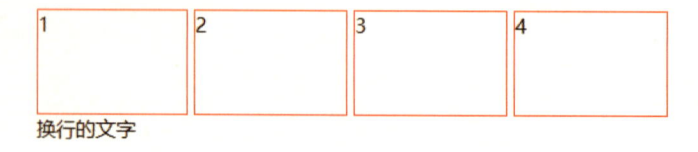

图 10-2-5　<p> 标签清除浮动的效果

3. 列表布局网页的制作要点

float 属性不仅可以应用于 <div> 标签上，对于其他容器一样非常有用。如图 10-2-6 所示，在网页中有若干组内容结构样式相似，有 8 个图像，图像下面都有一行文字，每个图像和每行文字的样式都是一样的，可以将一个图像和一行文字看作一个列表，因为一共有 8 个图像和 8 行文字，所以可以将其看作一个项目。该项目的列表使用 float:left; 实现横向排列，当列表排列不下时，会自动换行。

图 10-2-6　列表布局网页

学习任务三　相对定位布局网页

任务描述

制作相对定位布局网页，网页浏览效果如图 10-3-1 所示（文件名：web10-3.html）。

具体要求如下。

- 网页主体内容的宽度为 1000px，浏览时居中。
- 设置最外层 <div> 标签的背景图像。
- 栏目标题文字"电子信息技术学校"和正文文字的字体均为微软雅黑。栏目标题文字"电子信息技术学校"的大小为 30px，颜色为白色，其余文字的大小为 18px。

- 为文字设置适当的行距。

图 10-3-1　网页浏览效果

任务实施

1. 新建网页文件

将所需的图像素材文件复制至 img 文件夹中，在 unit10 文件夹中新建网页文件 web10-3.html。

2. 分析网页结构

由于图像上面有文字，因此图像以背景的方式放在 \<div\> 标签中。#text 原来的位置应为 #box 中的左上角，如图 10-3-2 所示。根据图 10-3-1 所示可知，由于 #text 的起始点不在 #box 的左上角，距离左上角水平和垂直方向都有一定的距离，因此需要将 #text 进行相对定位，定义 #text 的宽度，将它水平向右、垂直向下移动一定的距离，移至目标位置，如图 10-3-3 所示。

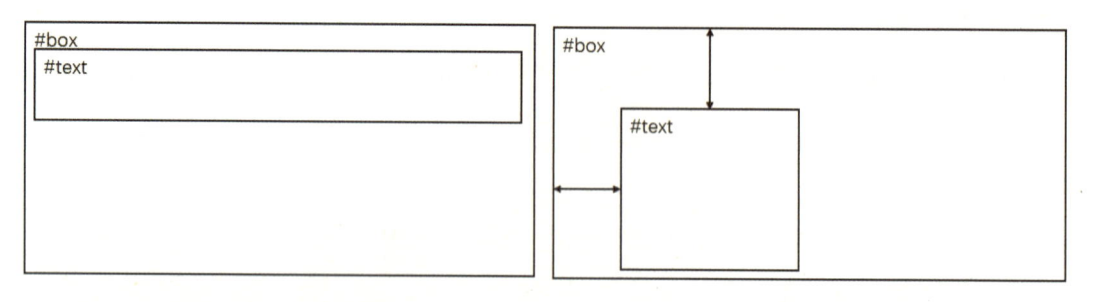

图 10-3-2　#text 原来的位置　　　　图 10-3-3　#text 移动后的位置

3. 修改网页结构和样式

（1）打开新建的网页文件 web10-3.html，修改网页结构，代码如下：

```
<div id="box">
    <div id="text">
        <h1> 电子信息技术学校 </h1>
        <p>学校遵循"守诚精技、力学笃行"校训,全面实施素质教育,是一所内涵丰富、
特色鲜明的电子信息类现代化中等职业学校。</p>
    </div>
</div>
```

（2）设置全局的样式和 #box 的样式，代码如下：

```
*{
    margin: 0;
    padding: 0;
}
#box{
    width: 1000px;
    height: 400px;
    background: url(img/pic10-3.jpg) no-repeat;
    margin: 10px auto;
}
```

（3）设置 #text 的样式，代码如下：

```
#text{
    width: 320px;
    height: 350px;
    position: relative;
    top:50px;          /* 距离元素原来位置水平方向 50px*/
    left: 100px;       /* 距离元素原来位置垂直方向 100px*/
}
```

（4）设置 #text 中文字的样式，代码如下：

```
#text h1{
    font-family: " 微软雅黑 ";
    font-size: 30px;
    line-height: 3.5em;
    text-align: center;
    color: white;
    font-weight: normal;
}
#text p{
    font-family: " 微软雅黑 ";
    font-size: 18px;
```

```
        line-height: 2em;
        color: white;
        text-indent: 2em;
        padding: 20px;
}
```

（5）保存文件。

知识链接

1. position 属性

在网页中，各种元素需要经过合理定位搭建整个网页结构。在 CSS 中，可以通过 position 属性，对网页的元素进行定位，其基本语法如下：

```
position: static | absolute | fixed | relative ;
```

position 属性的值及描述如表 10-3-1 所示。

表 10-3-1　position 属性的值及描述

position 属性的值	描述
static	HTML 元素的默认值，即没有定位，遵循正常的文档流对象
relative	相对定位元素的位置是相对于正常位置的，通过 left、right、top 和 bottom 属性进行移动。移动相对定位元素，它原本所占的空间不会改变
absolute	绝对定位元素的位置是相对于最近已定位的父元素的，如果元素没有已定位的父元素，那么它的位置相对于浏览器窗口进行定位，通过 left、right、top 和 bottom 属性进行定位。由于绝对定位使元素的位置与文档流无关，因此其不占据空间。若绝对定位元素和其他元素重叠，则可以使用 z-index 属性设置元素的堆叠顺序，该属性的默认值为 0，可以设置为正整数，也可以设置为负整数，数字大的元素放到数字小的元素上面
fixed	固定定位元素的位置是相对于浏览器窗口进行定位的。即使浏览器窗口是滚动的，它也不会移动。当元素的 position 属性的值为 fixed 时，通过 left、right、top 和 bottom 属性进行定位。由于固定定位元素脱离了原来的文档流，因此其不占原有的空间。如果固定定位元素和其他元素重叠，则可以使用 z-index 属性设置元素的堆叠顺序

2. 网页中相对定位的应用

由于相对定位元素原来的位置保持不变，因此其不适合大范围应用。例如，#box 中只有一组 #main，而 #main 的起始点与 #box 的左上角的距离较大，在这种情况下，#main 可以使用相对定位的方法。

此外，还可以使用 #box 的 padding-left 属性和 padding-top 属性确定 #main 的位置，但要注意 #box 的实际宽度和高度，如图 10-3-4 所示。

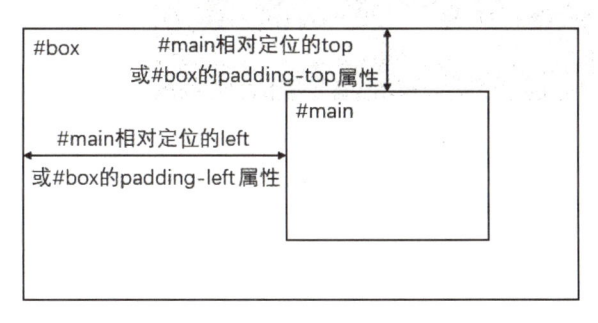

图 10-3-4　网页中相对定位的应用

学习任务四　左右结构布局网页

任务描述

制作"实习总结"网页，网页浏览效果如图 10-4-1 所示（文件名：web10-4.html）。

具体要求如下。

- 网页的宽度为 1000px，背景颜色值为 #F1F1F1，所有文字的字体均为微软雅黑。
- 栏目标题文字"实习总结"的大小为 24px，文字下面有一条粗细为 1px 的点画线，颜色值为 #CCCCCC。
- 根据提供的图像素材决定网页左、右两侧版块的宽度。
- 左侧版块文字的大小为 14px，设置适当的行距。
- 右侧版块标题文字"最新作品"的大小为 20px，背景颜色值为 #7FCBFC。
- 右侧版块列表文字的大小为 16px，背景颜色值为 #DCEFFB，每行列表文字下面均有一条粗细为 1px 的白色实线。

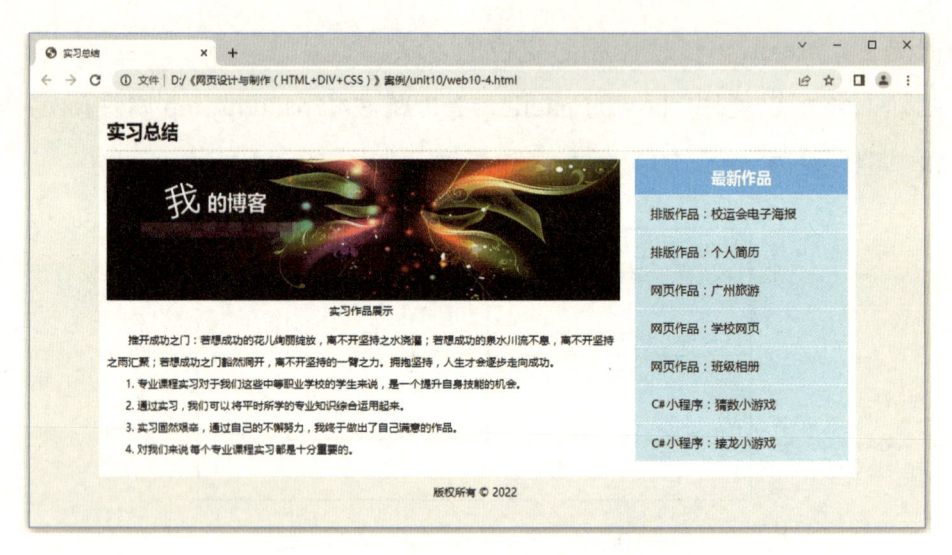

图 10-4-1 "实习总结"网页浏览效果

任务实施

1. 新建网页文件

将所需的图像素材文件复制至 img 文件夹中，在 unit10 文件夹中新建网页文件 web10-4.html。

2. 分析网页结构

#left 和 #right 中的两对 <div> 标签改变了原有 <div> 标签从上到下的显示顺序，这两对 <div> 标签的结构为左右结构，可以使用 float 属性实现两对 <div> 标签横排的效果，如图 10-4-2 所示。

图 10-4-2　网页结构

3．修改网页结构和样式

（1）打开新建的网页文件 web10-4.html，修改网页结构，代码如下：

```html
<div id="box">
        <h1> 实习总结 </h1>
        <div id="main">
            <div id="left">
                …
            </div>
            <div id="right">
                …
            </div>
        </div>
</div>
<div id="footer">版权所有 &copy; 2022</div>
```

（2）设置 #left 中的内容，代码如下：

```html
<div id="left">
        <div id="pic">
            <img src="img/pic10-4.jpg"/><br /> 实习作品展示
        </div>
         <p> 推开成功之门：若想成功的花儿绚丽绽放，离不开坚持之水浇灌；若想成功的泉水川流不息，离不开坚持之雨汇聚；若想成功之门豁然洞开，离不开坚持的一臂之力。拥抱坚持，人生才会逐步走向成功。</p>
        <ol>
            <li> 专业课程实习对于我们这些中等职业学校的学生来说，是一个提升自身技能的机会。</li>
            <li> 通过实习，我们可以将平时所学的专业知识综合运用起来。</li>
            <li> 实习固然艰辛,通过自己的不懈努力,我终于做出了自己满意的作品。</li>
            <li> 对我们来说每个专业课程实习都是十分重要的。</li>
        </ol>
</div>
```

（3）设置 #right 中的内容，代码如下：

```html
<div id="right">
        <h2> 最新作品 </h2>
        <ul>
            <li> 排版作品：校运会电子海报 </li>
            <li> 排版作品：个人简历 </li>
            <li> 网页作品：广州旅游 </li>
```

```html
            <li>网页作品：学校网页</li>
            <li>网页作品：班级相册</li>
            <li>C# 小程序：猜数小游戏</li>
            <li>C# 小程序：接龙小游戏</li>
        </ul>
    </div>
```

（4）设置全局的样式和 #box、标题文字"实习总结"的样式，代码如下：

```css
*{
    margin: 0;
    padding: 0;
}
body{
    font-family: "微软雅黑";
    background-color: #F1F1F1;
}
#box{
    width: 980px;
    margin: 10px auto;
    height: 460px;
    background-color: white;
    padding: 10px;
}
#box h1{
    font-size: 24px;
    border-bottom: dotted 1px #CCCCCC;
    margin-bottom: 10px;
    padding: 10px 0px;
}
```

（5）设置 #left 的样式，代码如下：

```css
#left{
    width: 680px;
    float: left;
}
#pic{
    font-size: 14px;
    text-align: center;
    margin-bottom: 15px;
}
#left p{
```

```css
    font-size: 14px;
    line-height: 2em;
    text-indent: 2em;
}
#left ol{
    margin-left:40px;
}
#left ol li{
    font-size: 14px;
    line-height: 2em;
}
```

（6）设置 #right 的样式，代码如下：

```css
#right{
    width: 280px;
    float: right;
}
#right h2{
    font-size: 20px;
    background-color: #7FCBFC;
    color: white;
    padding: 10px;
    text-align: center;
}
#right ul{
    list-style: none;
}
#right li{
    font-size: 16px;
    line-height: 3em;
    border-bottom: solid 1px #FFFFFF;
    padding-left: 20px;
    background-color: #DCEFFB;
}
```

（7）设置版权信息文字的样式，代码如下：

```css
#footer{
    clear: both;
    font-size: 14px;
    text-align: center;
}
```

(8) 保存文件。

知识链接

图 10-4-3 所示为调整前的网页结构。如果需要将其调整为如图 10-4-4 所示的效果，则需要以下几个步骤。

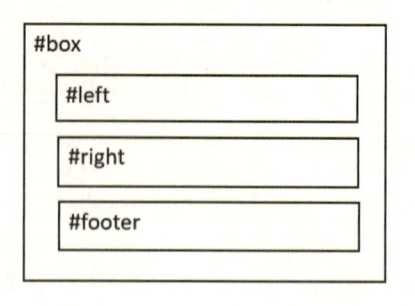

图 10-4-3　调整前的网页结构

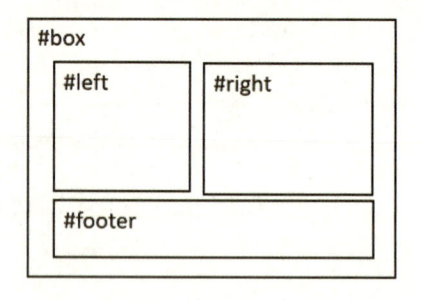

图 10-4-4　调整后的网页结构

（1）设置 #left 和 #right 的宽度，且两者宽度之和一定小于 #box 的宽度。

（2）对 #left 设置样式 float:left;，并对 #right 设置样式 float:right;，#left 紧靠 #box 的左侧，#right 紧靠 #box 的右侧，两者之间的间隔为 #box 的宽度减去 #left 和 #right 的宽度之和。

（3）对 #left 和 #right 均设置样式 float:left;，#left 紧靠 #box 的左侧，#right 紧靠 #left 的右侧，两者之间无间隔。如需产生间隔，则需对 #left 设置 margin-left 属性，或对 #right 设置 margin-left 属性。

（4）如果在结构中 #right 后面还有 #footer，#footer 不能受到 #left 和 #right 浮动的影响，那么需要使用 clear:both; 清除左、右浮动对其的影响。

（5）经过左、右浮动的元素，脱离了文档流，原有的高度将不再保留。

学习任务五　左中右结构布局网页

任务描述

制作"左中右结构"网页，网页浏览效果如图 10-5-1 所示（文件名：web10-5.html）。

具体要求如下。

- 网页主体部分的宽度为 1000px，浏览时居中。
- 所有文字的字体均为微软雅黑。
- 网页中的左侧版块内容的宽度为 220px，中间版块内容的宽度为 520px，右侧版块内容的宽度为 220px。
- 标题文字"网页作品"和"更新日志"的下方均有一条粗细为 1px 的点画线，颜色值为 #CCCCCC。文字的大小为 20px，颜色值为 #0099FF，其余文字的大小为 14px。
- 右侧版块列表文字的下方有一条粗细为 1px 的点画线，颜色值为 #0099FF。

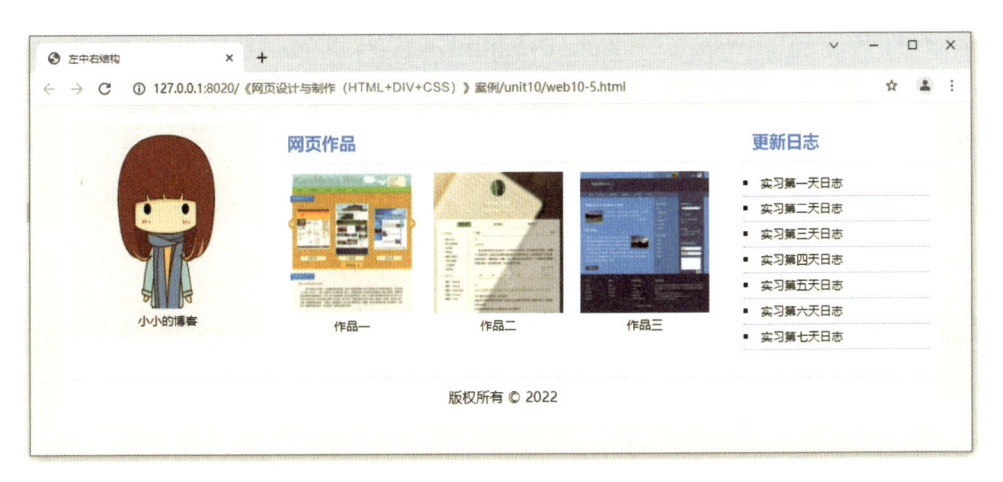

图 10-5-1 "左中右结构"网页浏览效果

任务实施

1. 新建网页文件

将所需的图像素材文件复制至 unit10 文件夹的 img 文件夹中，在 unit10 文件夹中新建网页文件 web10-5.html。

2. 分析网页结构

网页由左、中、右 3 个版块组成，计算每个版块中内容的宽度及各个版块之间的间隔距离，网页结构如图 10-5-2 所示。

```
#box
宽度: 1000px
                    20px                    20px
    #left          #middle                 #right
    宽度: 220px    宽度: 520px              宽度: 220px




    #footer
```

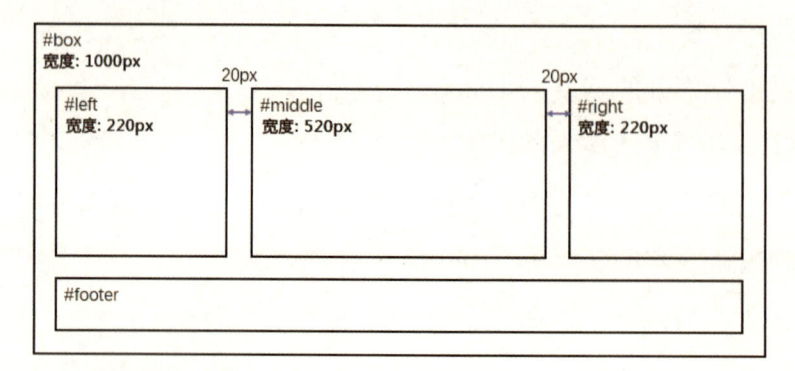

图 10-5-2　网页结构

3. 修改网页结构和样式。

（1）打开新建的网页文件 web10-5.html，代码如下：

```
<div id="box">
    <div id="left">
        ...
    </div>
    <div id="middle">
        ...
    </div>
    <div id="right">
        ...
    </div>
    <div id="footer">版权所有 &copy; 2022</div>
</div>
```

（2）分别设置版块 #left、#middle、#right 的内容，代码如下：

```
<div id="left">
    <img src="img/pic10-5-1.png"/><br />小小的博客
</div>
<div id="middle">
    <h1> 网页作品 </h1>
    <ul>
        <li><img src="img/pic10-5-2.jpg"/><br />作品一 </li>
        <li><img src="img/pic10-5-3.jpg"/><br />作品二 </li>
        <li><img src="img/pic10-5-4.jpg"/><br />作品三 </li>
    </ul>
</div>
<div id="right">
```

```
        <h1> 更新日志 </h1>
        <ul>
            <li> 实习第一天日志 </li>
            <li> 实习第二天日志 </li>
            <li> 实习第三天日志 </li>
            <li> 实习第四天日志 </li>
            <li> 实习第五天日志 </li>
            <li> 实习第六天日志 </li>
            <li> 实习第七天日志 </li>
        </ul>
</div>
```

（3）分别设置全局的样式、<body>标签的样式和 #box 的样式，代码如下：

```
*{
    margin: 0;
    padding: 0;
}
body{
    font-family: " 微软雅黑 ";
    background-color: #F1F1F1;
}
#box{
    width: 1000px;
    margin: 10px auto;
    padding: 10px;
    background-color: white;
}
```

（4）设置 #left 的样式，代码如下：

```
#left{
    width: 220px;
    float: left;
    margin-right: 20px;
    text-align: center;
    background-color: #F1F1F1;
    font-size: 14px;
    padding: 10px;
}
```

（5）设置 #middle 的样式，代码如下：

```
#middle{
```

```css
    width: 520px;
    float: left;
}
#middle h1{
    font-size: 20px;
    border-bottom: dotted 1px #CCCCCC;
    padding: 10px;
    color: #0099FF;
}
#middle ul{
    list-style: none;
}
#middle li{
    float: left;
    margin: 10px;
    text-align: center;
    font-size: 14px;
}
#middle img{
    width: 150px;
    height: 160px;
    text-align: center;
}
```

(6) 设置 #right 的样式,代码如下:

```css
#right{
    width: 220px;
    float: right;
    margin-bottom: 30px;
}
#right ul{
    list-style: square;
    list-style-position: inside;
}
#right li{
    font-size: 14px;
    line-height: 2em;
    border-bottom: dotted 1px #0099FF;
}
#right h1{
    font-size: 20px;
```

```
    border-bottom: dotted 1px #CCCCCC;
    margin-bottom: 10px;
    padding: 10px;
    color: #0099FF;
}
```

（7）设置版权信息文字的样式，代码如下：

```
.footer{
    font-size: 14px;
    text-align: center;
}
```

（8）保存文件。

知识链接

左中右结构网页的制作方法可以使用左右结构网页的制作方法，也可以使用列表布局网页的制作方法。要实现如图 10-5-3 所示的左中右结构的效果，可以使用以下的 4 种方法。

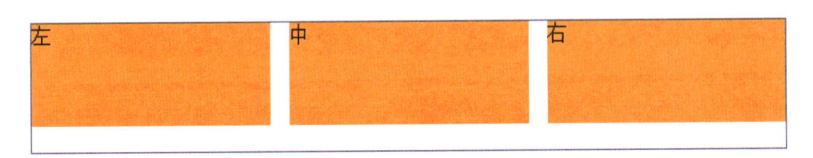

图 10-5-3　左中右结构的效果

（1）橙色部分使用 <div> 标签，3 对 <div> 标签均使用左浮动的方法。

网页结构代码如下：

```
<div id="box">
    <div id="left">左</div>
    <div id="middle">中</div>
    <div id="right">右</div>
</div>
```

CSS 样式代码如下：

```
#box{
    width: 600px;
    height: 100px;
    border: solid 1px #0066FF;
}
```

```
#left,#middle,#right{
    width: 190px;
    height: 80px;
    background-color: #FFAA00;
    float: left;
}
#left,#middle{
    margin-right: 15px;
}
```

（2）橙色部分使用 <div> 标签，网页结构代码与上面相同。左侧和中间的 <div> 标签采用左浮动的方法，右侧的 <div> 标签采用右浮动的方法。第 1 对 <div> 标签与第 2 对 <div> 标签之间有 15px 的距离，第 3 对 <div> 标签右浮动，紧贴 #box 的右边框，代码如下：

```
#box{
    width: 600px;
    height: 100px;
    border: solid 1px #0066FF;
}
#left,#middle,#right{
    width: 190px;
    height: 80px;
    background-color: #FFAA00;
}
#left,#middle{
    float: left;
    margin-right: 15px;
}
#right{
    float: right;
}
```

（3）橙色部分使用 <li> 标签，3 对 <li> 标签均使用左浮动的方法。

网页结构代码如下：

```
<div id="box">
    <ul>
        <li>左</li>
        <li>中</li>
        <li class="right">右</li>
```

```
        </ul>
</div>
```

CSS 样式代码如下：

```
#box{
    width: 600px;
    height: 100px;
    border: solid 1px #0066FF;
}
ul{
    list-style-type: none;
    margin: 0;
    padding: 0;
}
li{
    width: 190px;
    height: 80px;
    background-color: #FFAA00;
    float: left;
    margin-right: 15px;
}
.right{
    margin-right: 0px;
}
```

（4）白色部分使用 <li> 标签，与上述方法相同，前 2 对 <li> 标签使用左浮动的方法，第 3 对 <li> 标签使用右浮动的方法。

网页结构代码如下：

```
<div id="box">
    <ul>
        <li class="left">左</li>
        <li class="left">中</li>
        <li class="right">右</li>
    </ul>
</div>
```

CSS 样式代码如下：

```
#box{
    width: 600px;
    height: 100px;
    border: solid 1px #0066FF;
```

```
}
ul{
    list-style-type: none;
    margin: 0;
    padding: 0;
}
li{
    width: 190px;
    height: 80px;
    background-color: #FFAA00;
}
.left{
    float: left;
}
.right{
    float: right;
}
```

单元小结

网页中往往使用的不是单一的结构排版，而是多种布局混合排版。首先在整体上进行 <div> 标签的分块，其次对各个版块进行 CSS 定位，最后在各个版块中添加相应的内容及样式，完成网页细节的设置。

实践任务

（1）制作"标准流布局网页"网页，网页浏览效果如图 10-6-1 所示（文件名：ex10-1.html）。

具体要求如下。

- 网页背景颜色值为 #E1E1E1，所有文字的字体均为微软雅黑。
- 白色背景的主体内容的宽度为 800px。
- 导航栏文字的字体为微软雅黑，大小为 16px，颜色为白色，背景颜色为绿色（颜色值为 #1FC778）。当光标经过时，背景颜色是不透明度为 50% 的白色，文字颜色为黑色。光标经过文字"专栏"时的效果如图 10-6-2 所示。

- 文字"国家重点保护野生动物名录"的大小为 24px，加粗，居中，其余文字的大小为 14px。为文字设置适当的行距。

图 10-6-1 "标准流布局网页"网页浏览效果

图 10-6-2 光标经过文字"专栏"时的效果

（2）制作"广州美景"网页，网页浏览效果如图 10-6-3 所示（文件名：ex10-2.html）。

具体要求如下。

- 网页中间的宽度为 1000px，栏目标题文字"广州美景"的颜色值和下方线条的颜色值均为 #FF6600，线条是粗细为 1px 的点画线。
- 栏目标题文字的大小为 24px，其余文字的大小为 16px。
- 图像水平之间的距离为 20px。

图 10-6-3 "广州美景"网页浏览效果

（3）制作浮动布局网页，网页浏览效果如图 10-6-4 所示（文件名：ex10-3.html）。

具体要求如下。

- 蓝色线框的宽度为 900px。
- 左侧版块的宽度为 300px，高度为 240px。
- 左、右两侧版块之间有 10px 的距离。

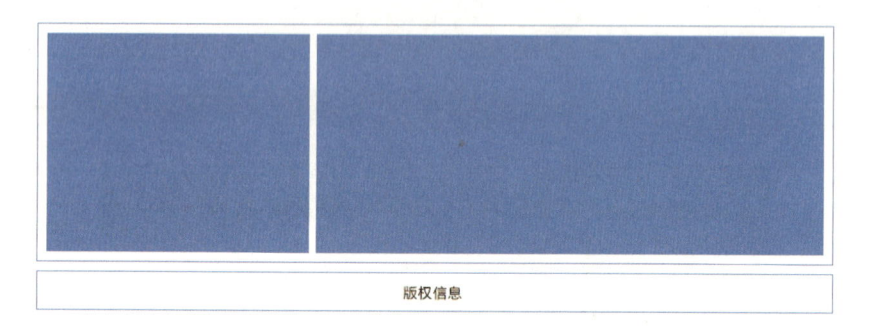

图 10-6-4　浮动布局网页浏览效果

（4）制作左右结构网页，网页浏览效果如图 10-6-5 所示（文件名：ex10-4.html）。

具体要求如下。

- 参照素材尺寸，确定网页主体内容的宽度。
- 左侧版块的宽度为 260px。
- 文字的大小分别为 20px 和 16px。

- 设置适当的行距。
- 蓝色背景颜色值和蓝色文字的颜色值均为 #7FCBFC，当光标经过导航栏时，导航栏文字的背景颜色为半透明的黑色。图 10-6-6 所示为光标经过文字"日志"时的效果。

图 10-6-5　左右结构网页浏览效果

图 10-6-6　光标经过文字"日志"时的效果

（5）制作左中右结构网页，网页浏览效果如图 10-6-7 所示（文件名：ex10-5.html）。

具体要求如下。

- 参照素材尺寸，确定网页主体内容的宽度。
- 网页背景颜色值为 #F1F1F1，所有文字的字体均为微软雅黑。
- 栏目标题文字的大小为 18px，版权信息文字的大小为 14px，其余文字的大小为 16px。
- 导航栏文字的颜色值和栏目标题文字的颜色值均为 #747419。

- ♥ 的代码为 ♥。
- 橙色线条的颜色值为 #FF9900，绿色线条的颜色值为 #C9E074，浅灰色线条的颜色值为 #CCCCCC。
- 光标经过文字"温馨时光"时的效果如图 10-6-8 所示。

图 10-6-7　左中右结构网页浏览效果

图 10-6-8　光标经过文字"温馨时光"时的效果